ÉTUDE

SUR LES

MATIÈRES TANNOIDES DU VIN

MATIÈRE COLORANTE ET ŒNOTANIN

PAR

J. LABORDE
DIRECTEUR-ADJOINT DE LA STATION AGRONOMIQUE ET ŒNOLOGIQUE DE BORDEAUX

EXTRAIT DE LA *REVUE DE VITICULTURE*

PARIS
BUREAUX DE LA « REVUE DE VITICULTURE »
35, BOULEVARD SAINT-MICHEL, V^e

1910

ÉTUDE SUR LES MATIÈRES TANNOÏDES DU VIN

MATIÈRE COLORANTE ET ŒNOTANIN

INTRODUCTION. — Il existe pour la vigne, comme pour d'autres plantes, de nombreuses variétés, dont un des principaux caractères distinctifs est la coloration plus ou moins prononcée des fruits, variant depuis l'absence complète pour les cépages blancs, jusqu'à l'exagération pour les cépages dits teinturiers. De tous temps, on a, en général, préféré pour la consommation courante les vins franchement colorés en rouge aux vins gris ou blancs, et il est incontestable que cette robe colorée, si agréable à l'œil, est pour une large part dans cette préférence. Il y a aussi une question de goût, mais, ici encore, la matière colorante et l'œnotanin intimement associés jouent un rôle important, la première de ces matières tannoïdes étant, comme on sait, cédée au vin par la pellicule et la seconde par les autres parties solides du raisin, les pépins et la rafle.

Au point de vue scientifique, la matière colorante est certainement un des éléments de la composition du vin les plus intéressants à cause des transformations nombreuses qu'elle peut subir pendant la conservation du vin. Aussi a-t-elle fait l'objet de nombreux travaux auxquels ont participé des savants éminents.

En pratique, la couleur étant considérée comme un des facteurs des plus importants de la qualité des vins rouges, on cherche souvent à augmenter sa proportion en modifiant plus ou moins la marche ordinaire du [illegible] la proportion d'œnotanin [illegible] dans la conservation du vin.

Considérées à ces deux points de vue théorique et pratique, nos connaissances sur la matière colorante du vin et l'œnotanin sont [illegible]. Je vais essayer de les résumer dans l'étude qui va suivre en y ajoutant quelques faits nouveaux que j'ai découverts récemment.

HISTORIQUE. — Les recherches auxquelles a donné lieu la matière colorante des vins rouges ont commencé vers 182[illegible] et elles ont été [illegible] nombreuses [illegible] conclusions [illegible] n'ont pas été concordantes. Les premières [illegible] fort sommaires [illegible] souvent [illegible] de méthode [illegible] les uns portèrent sur la couleur extraite du vin, les autres sur la couleur tirée directement de la pellicule du grain de raisin et sans tenir compte [illegible] nature du cépage.

[illegible] des opinions très contradictoires furent émises. On a [illegible] les travaux remarquables de M. A. Gautier dont les résultats, publiés à partir de 1878, s'imposèrent dans la science. Il est cependant utile de jeter un coup d'œil sur les conceptions antérieures pour relier ensuite celles qui sont [illegible] que l'on trouve encore vivaces dans l'esprit de beaucoup de personnes. Les travaux en question peuvent être classés en deux groupes bien distincts : 1° ceux qui tendent à admettre l'existence d'une matière colorante d'espèce unique ; 2° ceux qui concluent à la présence de plusieurs matières colorantes.

Dans l'ordre chronologique, c'est cette dernière conclusion qui a été émise tout d'abord. En effet, en 1846, Batilliat (1), en traitant des deuxièmes lies de vin par l'alcool à 85°, puis évaporant en partie la solution colorée qu'il obtenait et ajoutant de l'eau, trouvait deux matières colorantes, la *pourprite*, la plus abondante, qui se précipitait dans ces conditions, et la *rosite*, qui restait en solution dans l'eau faiblement alcoolisée.

Cette distinction, si élémentaire, n'a pas plus de valeur que la conception de Faure (2), pharmacien à Bordeaux qui, en 1860, admettait que la matière colorante des vins de notre région était formée d'une substance bleue, rougie plus ou moins par les acides libres, et d'une matière jaune plus ou moins foncée suivant le cépage ou le degré de maturation. La matière colorante bleue était pour Faure partout la même, et les proportions relatives de bleu et de jaune expliquaient les nuances différentes de la couleur des vins. La couleur bleue se décomposant la première pendant le vieillissement du vin, la nuance devient de plus en plus jaunâtre, la teinte pelure d'oignon arrive et s'accentue davantage ; la couleur jaune finit par rester seule et persiste longtemps.

Plus tard, Erdmann (1878) crut scinder encore en deux matières la couleur des vins, à l'aide d'une addition d'acide chlorhydrique en assez forte proportion. Il se précipite une matière un peu violacée tandis que le liquide reste coloré en rouge cerise. Ces deux couleurs semblent différer encore par l'action de l'ammoniaque.

Du côté où l'on admettait l'homogénéité de la couleur, on trouve les premiers chimistes qui ont essayé de la préparer à l'état pur. Simler, puis Mulder en Allemagne, en 1856, n'y réussirent pas complètement ; cependant, ce dernier la sépara de la plupart des autres éléments du vin, sauf de l'[illegible]. Maumené donna à cette couleur le nom d'œnocyanine, d'après sa teinte bleue indiquée par Mulder.

En 1858, Glénard (3), professeur à la Faculté des Sciences de Lyon, put isoler, mieux qu'on ne l'avait fait encore, le principe colorant des vins ; son procédé est le suivant : On ajoute au vin du sous-acétate de plomb jusqu'à refus. On filtre, on lave le précipité et on le fait sécher à 110°. La matière sèche est pulvérisée, puis introduite dans un appareil à déplacement pour être épuisée par de l'éther anhydre contenant du gaz chlorhydrique en dissolution. Cet acide sature l'oxyde de plomb et le précipité bleu devient rouge vif. On lave ensuite à l'éther pur pour entraîner l'éther acide et les matières solubles telles que l'acide [illegible]nique et le tanin, tandis que la matière colorante reste dans le résidu. Ce résidu, après évaporation de l'éther, est mis à digérer dans de l'alcool à 85° qui prend une coloration rouge vif très intense. On filtre, on chasse l'alcool au bain-marie presque complètement et on ajoute de l'eau distillée. La matière colorante se sépare en flocons rouges et le liquide est très peu coloré.

Cette matière est à peine soluble dans l'eau, plus à chaud qu'à froid ; elle est assez soluble dans l'alcool, mais ne paraît pas pouvoir cristalliser. Les flocons rouges insolubles dans l'eau le sont aussi dans l'éther, la benzine, le chloro-[illegible]

(1) *Traité sur les vins de France*, 1846.

(2) *Analyse chimique et comparée des vins du département de la Gironde*.

(3) *Annales de Chimie et de Physique*, 3e série, t. LIV, p. [illegible].

forme, le sulfure de carbone, l'essence de térébenthine, etc. A l'état sec, cette matière est inaltérable dans l'air et même dans l'oxygène pur. En solution dans l'eau, une ébullition un peu prolongée l'altère fortement; il se forme des pellicules irisées et la belle teinte rouge disparaît sous forme d'un précipité brun jaunâtre insoluble dans l'alcool. En solution alcaline, la couleur vire au vert sale, puis brunit de plus en plus en absorbant de l'oxygène; les acides ramènent au rouge la teinte verte. Divers oxydes métalliques donnent des composés insolubles de couleurs variées.

L'analyse élémentaire de cette matière colorante montra qu'elle était formée seulement de carbone, d'hydrogène et d'oxygène et sa composition pouvait être représentée par la formule (1) $C^{20}H^{10}O^{10}$. Glénard lui donna le nom d'*œnoline*, véritable *acide œnolique* dont l'anhydride serait $C^{20}H^{9}O^{9}$ pouvant se combiner avec l'oxyde de plomb par exemple pour former un sel $C^{20}H^{9}PbO^{10}$. Il considérait sa matière colorante, normalement rouge, comme étant très différente de l'œnocyanine de Mulder et Maumené.

Dans ses *Études sur le vin* (1866), Pasteur montra la relation qui existe entre l'oxydation du vin et la précipitation de la matière colorante qu'il considérait comme étant homogène, car il ne partageait pas entièrement l'opinion de Batilliat relative aux deux matières colorantes du vin rouge. L'erreur de cet auteur sur l'existence de la *pourpre* est démontrée comme suit : « Ce n'est point un principe immédiat que l'on puisse regarder comme défini, mais une matière colorante plus ou moins oxydée, et dont les propriétés de coloration, de solubilité et de composition chimique varient progressivement avec l'intensité variable de l'oxydation. » Neubauer, en 1874, s'occupa aussi un peu de la question et obtint une matière colorante toute soluble dans l'eau même acidulée.

C'est pour expliquer un peu toutes ces variations dans les propriétés d'une matière qui paraissait pourtant assez bien définie, que Duclaux entreprit, en 1874 (2), une étude de la matière colorante au point de vue de ses transformations physico-chimiques.

Il ne s'attacha pas à avoir une matière absolument pure, car elle ne correspond jamais à un état chimique fixe. Il se contentait de traiter, par de l'alcool à 90°, des pellicules de raisin bien lavées, mais sans froissement, dans de l'eau chargée d'acide carbonique. Au bout de quelque temps de contact, on a une solution de matière colorante mais non colorée, renfermant, en outre, quelques matières telles que : crème de tartre, chlorophylle, matière cireuse, etc., peu gênantes pour les observations ultérieures. En évaporant la solution alcoolique, le résidu a la consistance de la gelée de groseilles. Chauffé pendant un certain temps à 100°, il perd quelques-unes de ses propriétés ; ainsi il ne se dissout plus aussi facilement dans l'eau où il laisse nager des pellicules fortement colorées, analogues à celles que l'on rencontre dans le vin ; l'eau chaude les dissout mieux que l'eau froide, mais elles précipitent par refroidissement à l'état de globules rouges.

La matière colorante peut perdre complètement son état gélatineux par chauffage prolongé dans une capsule, transformation qui s'opère aussi avec le temps et qui est favorisée par la lumière. Un liquide coloré donne un dépôt adhérent au verre et des pellicules en suspension. Il y a absorption d'oxygène et formation de gaz carbonique. Dans une expérience, 80 milligrammes de matière colo-

(1) [illegible]

(2) *Annales de Chimie et de Physique*, 5e série, t. II, p. 108.

dant, en présence de la lumière, ses liqueurs, après six mois d'exposition au soleil, ont donné [illegible] de gaz carbonique et fixé [illegible] d'oxygène.

La transition entre les deux états de la matière colorante est donc en relation avec son oxydation, comme l'avait déjà pensé Pasteur, et la lumière favorise ce phénomène. Duclaux étudia aussi les transformations de la matière colorante au spectroscope et conclut à deux états principaux : l'un correspondant à la [illegible] de Batilliat, c'est-à-dire à l'état soluble dans l'eau, qui est caractérisé par une bande d'absorption allant de la raie D à la raie F, et l'autre appartenant à la matière colorante oxydée jusqu'à sa complète séparation dans lequel il paraît n'y avoir d'action spéciale sur aucune partie du spectre. Pour Duclaux, par conséquent, c'est à cette instabilité de la matière colorante qu'il fallait attribuer les divergences dans ses propriétés énoncées par les divers auteurs, y compris la pluralité de sa nature.

Nous arrivons maintenant aux travaux de M. A. Gautier (1) dont les résultats, au lieu de simplifier la question, l'ont, au contraire, beaucoup compliquée, mais en la précisant il semble bien. M. Gautier se demanda si la matière colorante est identique chez des cépages différents. Il en choisit un certain nombre dont il isola la matière colorante en l'extrayant d'abord de la pellicule du raisin par alcool à 85°. Les diverses solutions alcooliques furent traitées par le procédé Glénard légèrement modifié comme suit.

La solution est additionnée de sous-acétate de plomb tant que le précipité qui se forme est peu coloré, puis la liqueur filtrée est précipitée par un petit excès de sous-acétate de plomb. Le dépôt est lavé, séché à 35°, pulvérisé et mélangé de trois fois son poids de verre pilé, puis traité par l'éther chargé de gaz chlorhydrique. On lave ensuite la matière à l'éther anhydre comme dans le procédé Glénard, on chasse l'éther par un courant de gaz carbonique. Quand c'est sec, on extrait la matière colorante par l'alcool à 80°. Ce dissolvant, coloré d'une belle teinte pourpre ou cramoisie, est concentré aux 2/3 dans le vide et on en précipite ensuite la matière colorante par l'eau. Le précipité floconneux, généralement rose brun, est séché dans le vide et lavé à l'éther.

Ainsi préparé, l'acide œnolique principal, correspondant à chaque cépage, présente généralement une seule espèce chimique ; il est exempt d'azote [illegible] seulement. Après analyse des matières colorantes qu'il avait isolées, M. A. Gautier établit leur formule chimique comme suit :

Carignane	[illegible]
Grand noir	[illegible]
Aramon	[illegible]
Teinturier	[illegible]
Petit Bouschet	[illegible]
[illegible]	[illegible]

Dans ce tableau figure l'œnoline de Glénard, extraite du [illegible], et [illegible] à la même [illegible] que les autres. [illegible] que les différences sont peu importantes ; d'ailleurs les propriétés de ces divers acides œnoliques sont les mêmes que celles de l'œnoline de Glénard et analogues pour un grand nombre de points à celles de l'œnotannin : ce sont des tanins colorés.

M. A. Gautier a trouvé en outre, dans les vins des pays chauds surtout, et pour certains cépages (Petit Bouschet, Teinturier), des matières colorantes rouges plus solubles dans l'eau que les précédentes, et des couleurs violettes

(1) Comptes rendus Acad. Sciences, [illegible]. Dictionnaire de Wurtz, [illegible] supplément, [illegible].

ou bleus qui étaient, les unes ferrugineuses, les autres azotées, d'autres enfin azotées et ferrugineuses, se distinguant de la matière colorante principale par l'insolubilité plus grande des combinaisons avec le plomb ou par leur insolubilisation plus précoce dans le vin. La matière colorante violette serait le sel ferreux de la couleur rouge et probablement l'œnocyanine de Mulder et de Maumené.

La matière azotée et ferrugineuse ($C^{24}H^{22}$ [illegible]) est obtenue en saturant partiellement le vin par du carbonate de soude et ajoutant un excès de sel marin; il se forme un trouble, puis un précipité bleu indigo que l'on purifie par des lavages à l'alcool, l'éther et l'eau chargée de gaz carbonique. C'est le sel ferreux d'un acide œnolique azoté rouge.

UNITÉ D'ESPÈCE DE LA MATIÈRE COLORANTE. — Depuis les recherches de M. A. Gautier, rien n'a été fait sur cette question de la pluralité des matières colorantes du vin qui semble avoir été résolue dans le sens positif. Mais à mon avis il n'en est pas ainsi, et je vais essayer de montrer que la conception de l'unité d'espèce est encore fortement étayée par des faits puisés dans les travaux qui viennent d'être analysés et dans d'autres plus récents.

Si l'on prend la matière colorante à son lieu d'origine, la pellicule du raisin en l'extrayant par l'alcool fort, comme l'ont fait Duclaux ou M. A. Gautier, ou bien encore MM. Aimé Girard et Lindet dans leurs *Recherches sur la composition des raisins des principaux cépages de France*, on obtient, en général, une solution de couleur gris de lin ou plus violacée ne possédant par conséquent pas la teinte vraie de la couleur du vin ni surtout son éclat; la réaction de cette solution est presque neutre. Mais si on y ajoute un acide organique fixe, acide tartrique ou citrique par exemple, ou un acide minéral, tel que l'acide sulfurique ou l'acide chlorhydrique, la couleur rouge apparaît et se montre plus brillante avec les acides minéraux qu'avec les acides organiques.

Avec l'addition d'acide tartrique, il se précipite, au bout de peu de temps, d'abondants cristaux de crème de tartre. La potasse a donc été empruntée à la solution et il est évident que cette potasse était combinée à la matière colorante; [illegible] d'acide, cet acide a été mis en liberté avec sa couleur rouge [illegible], alors que la combinaison potassique n'avait qu'une couleur gris violacé plus terne.

Pendant la fermentation de la vendange, lorsque la matière colorante de la pellicule [illegible] se diffuse dans le moût, la réaction précédente se produit plus ou moins complètement suivant la quantité d'acides tartrique, malique et autres qui existe à l'état libre dans le moût; l'acide succinique produit a joué aussi son rôle [illegible] est encore plus complète quand on [illegible] la vendange par le procédé Rosenstiehl (1) [illegible] du moût coloré connu sous le nom [illegible] de la pellicule [illegible] par le chauffage [illegible] colorante [illegible] dissout dans l'[illegible] dans lequel elle manifeste une vivacité très grande (2). Ce fait, d'ailleurs, est un argument [illegible] contre toutes les distinctions qu'on a pu établir sur la solubilité plus ou moins grande des matières colorantes dans l'eau.

M. Duclaux (2) a insisté beaucoup sur le rôle de l'acidité : « La matière colorante du vin, dit-il, à l'état de dilution où elle existe dans le liquide au mo-

(1) Voir *Revue de viticulture*, t. VII, 1897.
(2) *Traité de microbiologie*, t. IV, 1901, p. [illegible].

dant de la dépolymérisation, le plus [illegible] restera [illegible] qui [illegible] Ce sont les acides qui lui donnent [illegible] chacun avec un degré de vivacité qui dépend de sa nature. C'est l'acide sulfurique qui donnait, toutes choses égales d'ailleurs, la teinte la plus vive et la plus riche ; l'acide tartrique se tient tout près, mais à un niveau inférieur. La crème de tartre n'a convenu plus, sous ce point de vue, qu'à l'acide tartrique libre. La quantité des acides libres d'un vin n'est donc pas sans influence sur sa couleur.

Les distinctions basées sur la nuance de la couleur ne sont pas plus sérieuses, ainsi que cela ressort nettement des expériences de MM. Aimé Girard et Lindet. Examinées au colorimètre Salleron, les colorations fournies par la pellicule des grains des cépages rouges étudiés ont considérablement varié comme nuance, d'une année à l'autre et après addition d'acide tartrique, d'après le résumé suivant : « En un mot, nous avons vu les colorations normales fournies par la peau des raisins correspondre, en 1893, les unes au deuxième violet rouge, les autres au troisième et au cinquième rouge orangé, tandis qu'en 1894, parce que les peaux étaient franchement acides, elles étaient comprises entre la première et la deuxième de ces gammes. Toutes ces colorations d'ailleurs, celles de 1893 comme celles de 1894, se sont, sous l'influence de l'acide tartrique, rapprochées les unes des autres en inclinant vers le rouge, pour se placer finalement entre le troisième violet rouge et le quatrième rouge. »

En somme, la nuance de la couleur d'un vin rouge peut varier avec la composition du milieu dissolvant, et l'on sait que la constitution d'un vin dépend de différents facteurs, tels que la nature du cépage, le degré de maturation, le mode de vinification, etc. Un exemple typique se rattachant à ce dernier facteur se trouve dans le plâtrage dont l'influence sur la couleur des vins est bien connue. On a [illegible] de cette influence s'appuie justement sur la destruction plus ou moins complète de la combinaison potassique de la matière colorante (1).

Je citerai encore un cas qui a été malheureusement assez fréquent en 1897, car il est relatif aux vins de vendanges mouillées et pourries : l'acidité du moût ayant été considérablement diminuée par le mouillage, par les pourritures diverses du raisin et par le [illegible] des boues qui salissaient les vendanges, l'acidité du vin a pu descendre aux environs de 2 g par litre. Les vins ne contenaient plus que des traces de crème de tartre, presque tout l'acide tartrique ayant été insolubilisé à l'état de tartrate de chaux, c'est-à-dire que l'acidité fixe était presque nulle. Aussi la couleur de ces vins était-elle très faible et d'un gris violacé, [illegible] de M. Duclaux, mais elle devenait d'un rouge assez vif quand on ajoutait de l'acidité fixe organique et surtout minérale. Un acide volatil, l'acide acétique par exemple, ne faisait pas sensiblement varier la nuance de la couleur.

L'acidité fixe et libre est donc un élément de la constitution du vin qui influe beaucoup sur la nuance de la matière colorante ; nous devons considérer deux autres éléments qui ne sont pas moins intéressants, car ils agissent à la fois sur la nuance et sur la stabilité de la matière colorante, ce sont le fer et l'œnotannin.

L'oxyde de fer se combine très facilement, comme on sait, avec les matières tanniques. Cette combinaison peu colorée et soluble, lorsqu'elle contient de

(1) Cette combinaison potassique entre évidemment dans l'ensemble des combinaisons organiques neutres à base de potasse, qui fournissent les deux tiers de la potasse à l'état de sulfate [illegible] contiennent les vins plâtrés, d'après M. Magnier de la Source.

l'oxyde ferreux, comme dans les vins rouges ou blancs, devient violacé et insoluble, lorsqu'il s'oxyde au contact de l'air, d'où les phénomènes de casse bleue pour les vins rouges et de casse noire pour les vins blancs. Le vin rouge se dépouille ainsi d'une teinte bleuâtre, qu'il possédait avant, pour prendre sa couleur rouge normale qui persiste seule ensuite.

Mais le précipité qui se produit dans ces conditions n'a jamais une composition définie, sa richesse en fer, notamment, dépend de la richesse ferrique totale du vin, et le cas le plus curieux a été signalé par M. Bouffard (1), qui a trouvé jusqu'à 10 % d'oxyde de fer dans un précipité de matière colorante extrait d'un vin de Jacquez. La sensibilité à l'air de la couleur de ce cépage est d'ailleurs bien connue, et l'on sait aussi qu'elle est due à l'excès de fer et au manque d'acidité. Une addition d'acide tartrique, ou mieux d'acide citrique, est le remède indiqué par M. Bouffard, il s'applique à tous les cas de casse ferrugineuse. On provoque, par ce traitement, une destruction plus ou moins complète de la combinaison de la matière colorante avec le fer, d'où une fixité plus grande de la couleur.

On obtient encore des précipités ferrugineux de matière colorante toutes les fois que l'on détermine une coagulation des matières tannoïdes du vin, couleur ou œnotanin qui sont de nature colloïde, par certains réactifs : l'acide chlorhydrique suivant le procédé Erdmann (2), les chlorures de sodium ou d'ammonium employés par M. A. Gautier, les aldéhydes et surtout l'aldéhyde formique d'après M. Martinand, ou encore mieux le mélange d'acide chlorhydrique et de formol indiqué par MM. F. Jean et C. Frabot. Ces précipités contiennent aussi presque toujours des matières azotées, le précipité grisâtre de la casse blanche des vins blancs ne fait pas exception à la règle, il est à la fois tannique, ferrugineux, azoté et phosphaté.

D'ailleurs, les matières albuminoïdes du vin jouent un rôle plus important qu'on ne le pense généralement dans ces précipitations violacées pour les vins rouges, noirâtres ou blanchâtres pour les vins blancs. Ces albuminoïdes, provenant du moût se combinent aux tanins pendant la fermentation, mais cette combinaison n'est pas tout à fait insoluble dans le milieu où elle se forme, malgré la présence de l'alcool et des matières salines, la crème de tartre surtout, qui sont des coagulants pour elle ; j'ai montré que l'oxydation vient aider cette coagulation (3).

Les précipités obtenus par coagulation des matières tannoïdes peuvent être, pour la plupart, en grande partie redissous par l'eau alcoolisée et acidulée ; dans ceux qui restent insolubles, la matière colorante a subi une modification plus profonde correspondant peut-être à une polymérisation, c'est le cas très intéressant de l'action des aldéhydes.

En présence des faits que nous venons d'étudier, on est forcé de repousser bien loin toute tendance à voir, dans les causes de précipitation et dans les variations de composition des précipités colorés du vin rouge, l'existence de matières colorantes spéciales, d'autant plus que ces précipités ne sont jamais exempts d'œnotanin.

En effet, quand on étudie l'œnotanin séparé de la matière colorante, en l'extrayant, à l'aide de l'eau alcoolisée chaude, des marcs de raisins verts pressés et

(1) [illegible] verbale.

(2) Malgré une dose d'acide chlorhydrique égale à la moitié du volume du vin, le précipité renferme encore de l'oxyde de fer en quantité très sensible à l'analyse.

(3) Clarification et limpidité des vins blancs (*Revue de Viticulture*, t. XXI, 1904).

[illegible] que sa constitution, au degré de condensation, est au moins aussi grande et quelquefois plus que celle de la matière colorante; elle paraît aussi plus sensible à l'oxydation, au moins en ce qui concerne le changement de couleur de sa solution; le rapide brunissement à l'air des vins blancs, même exempts d'oxydase, en est une preuve évidente. Dans les vins rouges, elle constitue, en général, la fraction la plus importante des matières tanniques, comme nous le verrons plus loin, mais sa proportion par rapport à celle de la matière colorante peut varier beaucoup. De ces variations peuvent dépendre, par suite, la nuance de la couleur et sa résistance à l'action de l'air. De ce côté, nos connaissances sont encore très rudimentaires, parce que l'étude de la question est restée jusqu'à présent dans le domaine de l'observation courante.

Quoi qu'il en soit, lorsque les deux substances sont mélangées, il est très difficile de les séparer l'une de l'autre, comme cela arrive toujours pour un mélange de matières colloïdes de propriétés analogues; dans le cas présent, l'altérabilité des matières constitue une difficulté de plus. Le procédé Glénard, légèrement modifié par M. A. Gautier, est le plus parfait que l'on puisse mettre en œuvre pour séparer la matière colorante du tannin; mais on ne peut admettre qu'il conduise à un produit absolument pur et ayant conservé ses propriétés primitives; de sorte que les résultats de M. Gautier, obtenus par l'application de ce procédé et tendant à différencier les matières colorantes de cépages différents, restent un peu douteux.

Par conséquent, à l'heure qu'il est, c'est l'idée d'unité et non de pluralité de nature de la matière colorante des raisins qui paraît plus probable, et si on cherche maintenant à s'expliquer l'origine physiologique de cette matière colorante ou le mécanisme de sa production dans la pellicule, nous allons voir que cette unité [illegible] des plantes d'espèces très différentes.

ORIGINE DE LA MATIÈRE COLORANTE. — A l'état vert, le raisin est un organe qui fonctionne comme toutes les autres parties vertes de la plante. On sait qu'à un moment donné les conditions physiologiques changent, il devient un organe d'accumulation pour le sucre, et ce changement correspond à la véraison. La coloration verte de la pellicule, due à la chlorophylle, est remplacée par des colorations violet noir, rouge, rose, ou jaune clair suivant les cépages. Dans ce cas, comme dans la coloration automnale des feuilles d'un grand nombre de végétaux, on admet que les deux phénomènes, disparition de la chlorophylle et apparition de la couleur rouge, sont indépendants, d'après les recherches de Mohl.

Étant donnée la nature tannoïde de la matière colorante des raisins rouges, il est naturel de supposer qu'elle dérive des matières tanniques de la pellicule; telle a été l'hypothèse émise par M. A. Gautier au début de ses recherches sur ces pigments végétaux. Dans une note à l'Académie des sciences (1), ce savant concluait de la manière suivante :

« Sans [illegible] étendre sur les propriétés et les dédoublements de ces matières colorantes, nous devons nous borner à dire qu'elles dérivent de corps incolores tanniques qu'on peut extraire de la pellicule et du vin lui-même, et qui, lorsqu'on veut les extraire, s'oxydent et se colorent à l'air avec la plus grande rapidité. »

(1) *Comptes rendus*, T. LXXXVI, p. [illegible].

Les détails que donne ailleurs (1) M. Gautier sont les suivants : « Lorsqu'on conserve à l'air une solution d'œnotanin ou lorsque celui-ci est laissé quelque temps à l'état humide, il se transforme assez rapidement d'abord en une matière colorante rose, puis en une substance rouge brun qui devient insoluble. Les caractères de la matière colorante rose sont analogues, sinon identiques, à ceux de l'une des matières colorantes rouges du vin. »

Plus tard, M. A. Gautier modifia sa conception de la manière suivante : « En fait, il existe dans les pellicules de raisins, dans les feuilles de vigne et dans le vin lui-même des substances ayant la composition et les propriétés des catéchines, des cachous et des gambirs et jouissant, comme je l'ai montré, de la propriété de s'oxyder à l'air en reproduisant les matières colorantes des vins (2). »

Malheureusement, cette oxydation à l'air de ces divers produits chromogènes ne donne que des colorations jaunes, quelquefois un peu rosées, qui tournent assez vite au brun avec formation d'un précipité. Donc cette théorie est insuffisante et M. Gautier ne s'en contenta pas lui-même, car poursuivant, plus tard, l'étude de cette question de l'origine de la matière colorante des vins, il fit paraître, en 1892, son travail sur les acides ampélochroïques (3).

Considérant les cépages teinturiers dont les feuilles se colorent fortement au moment de la véraison, M. Gautier se demanda si le pigment ne proviendrait pas de la feuille où il existerait à l'état de catéchines et d'où il émigrerait pour venir se fixer et s'oxyder dans la pellicule du grain.

Après avoir provoqué le rougissement prononcé des feuilles par des blessures faites au pédoncule, M. Gautier en extraya le pigment par l'eau tiède, puis, de cette solution colorée, il isola trois acides ampélochroïques ayant des compositions différentes : α = $C^{19}H^{16}O^{10}$, β = $C^{18}H^{16}O^{10}$, γ = $C^{17}H^{16}O^{10}$.

Et, comme conclusion, M. Gautier dit : « Il apparaît dans les feuilles de la vigne (cépage Carignan en particulier) trois tanins colorés et phénoliques, cristallisables, lorsque, à l'époque de la véraison, on empêche les sucs foliacés de se rendre au fruit. Mais même à l'état naturel, dans les cépages très riches en couleur, comme le teinturier ou le petit-bouschet, les chromogènes de ces tanins restent en partie dans la feuille et la colorent à l'automne, en s'oxydant. Ces trois substances dérivent, ainsi que je l'établirai plus tard, des catéchines ou chromogènes que contient la feuille, catéchines qui sont elles-mêmes les anhydrides correspondant à ces tanins colorés. »

Or, cette dérivation n'a pas encore été établie et nous verrons même plus loin qu'elle ne paraît guère possible. Quant à ces tanins colorés ou acides ampélochroïques, aucun d'eux n'a la même composition que l'acide œnolique isolé de la pellicule des raisins du même cépage par M. Gautier en 1878. Par conséquent, tous ces faits et ces hypothèses étaient peu satisfaisants pour l'esprit et appelaient d'autres recherches. Un retour à l'idée primitive d'une relation directe entre la matière colorante et les matières tannoïdes de la pellicule serait accepté plus facilement, et c'est justement cette relation que j'ai démontrée il y a peu de temps d'une façon certaine (4).

(1) *Bulletin de la Société chimique*, (2), T. XXVII, p. 496.
(2) *Dictionnaire de Wurtz*, Supplément, p. 1098.
(3) *Comptes rendus*, T. CXIV, p. 623.
(4) Sur l'origine de la matière colorante des raisins rouges. C. R. Académie des Sciences, juin 1908.

Recherches nouvelles. — Le point de départ de ces recherches a été l'observation des faits suivants, faite il y a une dizaine d'années environ :

En conservant à l'air une infusion de raisins verts stérilisée par l'ébullition, la couleur primitive et jaunâtre de cette solution, due au tanin, se fonce et prend la teinte de la solution alcaline de curcuma, surtout si on répète l'ébullition, et plus tard il se forme un précipité de tanin oxydé dont l'aspect rappelle un peu celui de la matière colorante oxydée des vins très vieux. En traitant ce précipité par l'acide chlorhydrique dilué et faisant bouillir, sa couleur devient rouge et une partie passe en solution en colorant légèrement le liquide. Avec une infusion fraîche de raisins verts traitée de la même manière, et prolongeant un peu l'ébullition, on obtient une coloration franchement rosée et un précipité de même couleur qui se dissout en grande partie, quand on ajoute de l'alcool, en augmentant la coloration du liquide. C'est ce premier résultat, dont l'étude est restée longtemps en suspens, qui me permit de dire, à la page 9 de mon *Cours d'œnologie* : « Le mécanisme de l'apparition de la couleur serait intéressant à déterminer, car, dans la pellicule des grains verts, il y a déjà les éléments nécessaires pour sa production. En effet, à l'aide d'un traitement chimique approprié, on peut obtenir une petite quantité de matière colorante rouge en opérant sur une infusion de grains verts. »

En vue de poursuivre ces recherches, au mois d'août 1907, j'avais récolté, avant véraison, des raisins de cépages blanc et rouge (Cabernet-Sauvignon et Sémillon) que j'avais conservés : 1° en les trempant dans l'eau bouillante pendant quelques instants et les enfermant ensuite dans un flacon stérilisé bouché à l'émeri ; 2° en les plongeant dans une solution d'acide sulfureux à 1 gramme par litre. Abandonnés pendant plus de huit mois, ces raisins me permirent ensuite de faire l'expérience suivante.

Les différentes parties de la grappe : rafles, peaux, pépins, pulpe, ayant été séparées, les éléments solides furent plongés dans une solution d'acide chlorhydrique à 2 %, et le jus dilué de moitié fut également additionné d'acide chlorhydrique, puis ces divers essais furent chauffés à l'autoclave à 120° pendant une demi-heure. En sortant de l'appareil tous les liquides étaient colorés en rouge vineux et les peaux avaient donné la coloration la plus intense. Non seulement le liquide acide était fortement coloré, mais dans le résidu il y avait encore de la couleur que l'on pouvait dissoudre par l'eau alcoolisée, laquelle, au début de l'épuisement, se colorait avec une intensité extraordinaire. Après avoir réuni les liquides, on avait une solution possédant la coloration d'un vin assez riche et le volume de cette solution était au moins cinq fois plus grand que le volume du jus de raisin correspondant aux pellicules employées. Chose curieuse, les raisins blancs avaient donné les mêmes résultats que les rouges ; les uns et les autres contenaient donc le produit chromogène d'où dérivait la couleur dans les conditions de l'expérience. Cette expérience fut répétée sur des marcs de raisins séchés à l'étuve, et plus tard sur des pousses de vigne très jeunes, des feuilles adultes et des raisins verts à l'état frais ; elle donna des résultats pareils aux précédents, aussi bien avec les cépages blancs qu'avec les rouges. En présence de ces faits, j'ai pensé que l'œnotanin devait être la source de cette matière colorante et je l'ai établi de la manière suivante.

Le liquide de macération des raisins verts, traité par la solution acéto-ammoniaco-mercurique que j'emploie pour précipiter les matières tannoïdes du vin et les doser, donna un précipité abondant de tannate de mercure qui fut recueilli par filtration, puis lavé et mis en suspension dans l'eau chlorhydrique à 2 %. Ce mélange chauffé à 80° fut traité par le gaz sulfhydrique pour précipiter le mercure et mettre le tanin en liberté. Après filtration, cette solution chlorhydrique d'œnotanin de couleur jaune brun fut portée à l'autoclave à 120° pendant une demi-heure; à sa sortie, elle possédait une couleur rouge vif très intense tout à fait comparable à la couleur obtenue directement avec les pellicules de raisin. Avec de l'œnotanin extrait d'une infusion de pampres pilés, on obtint le même résultat. D'autre part, la solution acide d'œnotanin fut saturée par la soude, puis traitée par une solution de gélatine; le précipité de tannate de gélatine lavé, puis mis en suspension dans l'eau chlorhydrique et chauffé à l'autoclave, donna également un liquide fortement coloré en rouge.

Le corps chromogène est donc bien l'œnotanin; sa molécule disloquée par l'action de l'acide chlorhydrique donne naissance à une matière colorante tout à fait analogue à celle des vins rouges d'après les propriétés suivantes :

Elle est de nature tannoïde, car elle précipite les matières albuminoïdes surtout en présence des coagulants tels que la crème de tartre, le chlorure de sodium, etc.; elle donne un précipité bleu violet avec le sous-acétate de plomb, gris violacé avec l'oxyde de mercure et avec d'autres oxydes métalliques; elle vire au vert par les alcalis et redevient rouge par les acides; elle s'oxyde à l'air en jaunissant d'abord, puis se déposant en grumeaux et en pellicules adhérentes au verre. Même en solution acide et alcoolique, son altérabilité à l'air est beaucoup plus grande que celle de la matière colorante contenue dans les vins. C'est là une différence qui s'explique par la différence de composition du milieu et sans doute aussi par la différence dans le mode de production (1).

En présence de l'oxydase du *Botrytis cinerea*, l'oxydation à l'air est encore plus rapide; elle reproduit les caractères bien connus de la casse brune.

Comme pour la couleur normale des vins, sa solubilité dans l'eau et l'alcool dépend de son degré d'oxydation; il y a : 1° un état soluble dans l'eau; 2° un état insoluble dans ce liquide, mais soluble dans l'alcool; 3° enfin un état insoluble dans les deux liquides. Ces trois états existent dans le liquide coloré provenant de l'attaque de l'œnotanin par l'acide chlorhydrique. La partie qui résiste à l'alcool est une matière rouge brun absolument semblable à la matière colorante du vin insolubilisée par oxydation profonde.

On constate en outre que la nuance de la couleur soluble dans l'eau chlorhydrique et les proportions de couleur soluble et insoluble dans l'alcool varient avec le degré d'oxydation de l'œnotanin. En effet, si on prend des pellicules fraîches de raisins verts et qu'on les traite immédiatement après leur dissection, on obtient une couleur rouge un peu violacée tout à fait comparable à celle des vins nouveaux très acides. Mais après dessiccation de ces pellicules à l'air et mieux encore à l'étuve, la couleur qu'elles donnent est de moins en moins intense et de plus en plus jaune. C'est parce que l'œnotanin s'est de plus en plus oxydé et insolubilisé pendant cette dessiccation.

Il en est de même pour une solution d'œnotanin que l'on laisse vieillir à l'air : à mesure que la teinte de la solution brunit, la couleur rouge qu'elle fournit est de plus en plus faible et plus jaune. Avec de l'œnotanin insolubilisé par oxydation, on n'a plus qu'une très faible couleur rosée en solution, tandis que la partie insoluble est devenue rouge brun.

(1) Nous avons vu, en effet, précédemment, combien certains facteurs physiques ou chimiques que l'on fait agir sur la matière colorante normale peuvent modifier ses propriétés.

Toutes ces observations démontrent surabondamment que l'œnotanin est bien le corps chromogène qui donne naissance à la matière colorante sous l'action de l'acide chlorhydrique.

Cet acide est le seul parmi les acides minéraux courants capable d'agir à faible dose d'une manière aussi parfaite que celle qui a été indiquée et qui sera encore mieux précisée plus loin. Les acides organiques sont à peu près inactifs, sauf l'acide oxalique dont l'action reste cependant bien au-dessous de celle de l'acide chlorhydrique.

Il y a lieu de se demander maintenant si la matière colorante plus ou moins oxydée est le seul produit de la réaction de l'acide sur le tanin. On peut, par exemple, songer à l'existence d'un glucoside œnotannique, car il est admis que certains tanins traités par l'acide sulfurique dilué donnent, par ébullition prolongée, du glucose et une matière rougeâtre insoluble.

Mais la recherche du glucose dans la liqueur colorée provenant de l'attaque de l'œnotanin par l'acide chlorhydrique n'a rien donné ; d'ailleurs, le poids d'œnotanin employé est très sensiblement égal, un peu inférieur même au poids de matière colorante soluble et insoluble obtenu. Dans cette réaction, l'œnotanin semble se dédoubler simplement en matière colorante comme le gallotanin pur se dédouble en acide gallique avec addition d'une molécule d'eau, dans des conditions analogues ; peut-être y a-t-il hydrolyse dans les deux cas.

Cette transformation moléculaire de l'œnotanin a lieu vraisemblablement dans les cellules de la pellicule comme au laboratoire, mais l'agent de cette transformation n'est pas le même sans contredit.

Nous laisserons de côté pour le moment la recherche de cet agent naturel pour étudier des transformations moins profondes des matières tannoïdes de la pellicule du grain qui se produisent pendant la véraison et la maturation.

Transformations de la matière chromogène. — Pour cela, il est utile de déterminer d'abord la quantité totale de matière tannoïde ou chromogène que renferme la pellicule des raisins aux différents moments considérés. MM. Aimé Girard et Lindet ont appliqué à ce dosage une méthode d'extraction du tanin qui consiste à faire macérer les pellicules dans de l'alcool assez concentré. Les matières tanniques, y compris un anhydride du tanin insoluble dans l'eau ou phlobaphène, se dissolvent, et dans cette solution on peut procéder ensuite à la séparation des deux produits et à leur dosage.

Si les pellicules pouvaient être complètement épuisées par cette méthode, l'action de l'acide chlorhydrique à 120° ne devrait plus fournir de matière colorante. Or, il n'en est pas ainsi de beaucoup, comme le montre le tableau suivant, où l'on peut comparer le pouvoir chromogène des pellicules de divers cépages à l'état vert avant et après macération dans l'alcool, le pouvoir chromogène du Cabernet-Sauvignon avant macération étant pris pour unité :

	Avant macération (a)	Après macération (b)	Rapport (b/a)
Cabernet-Sauvignon	1	0.75	0.75
Petit-Bouschet	0.60	0.50	0.83
Merlot	0.95	0.71	0.75
Chasselas	0.90	0.75	0.83
Sauvignon	0.50	0.35	0.70

On voit que la proportion de matières tannoïdes, que contiennent encore les pellicules après macération varie de 70 à 83 % par rapport à la quantité initiale ; ce procédé d'extraction est donc absolument insuffisant.

En changeant le dissolvant, en ajoutant par exemple du carbonate de soude à de l'alcool à 60°, et portant à l'ébullition, on réalise une extraction plus complète qui peut aller jusqu'à 75 %, grâce à une désorganisation notable des pellicules. Cependant elles donnent encore de la couleur rouge et noircissent nettement aux sels de fer. Le tanin est donc fixé en grande partie sous des formes insolubles dans l'eau et même dans l'alcool, formes de réserve plus résistantes encore aux dissolvants que le phlobaphène.

En présence de cette difficulté d'extraire la totalité des matières tannoïdes de la pellicule en nature, j'ai songé à les transformer d'abord en matière colorante par l'acide chlorhydrique à 120°. Si les pellicules sont traitées à l'état frais, toute la couleur que l'on obtient est soluble dans l'eau alcoolisée à 50°, et la nuance de la couleur est absolument la même que celle d'une solution de rouge de Bordeaux dans l'eau alcoolisée.

En prenant pour unité l'intensité de coloration que possède cette dernière solution au titre de 1 gramme par litre, on a un terme de comparaison qui permet d'apprécier des quantités différentes de matière chromogène. Pour ces déterminations, le mode opératoire est le suivant : 5 grammes de pellicules lavées et essuyées aussitôt après dissection sont introduits dans un matras contenant 50^{cc} d'acide chlorhydrique à 2 %, que l'on porte ensuite dans l'autoclave. Après chauffage à 120° pendant une demi-heure, on retire le vase, on filtre le liquide coloré et on lave les pellicules et le filtre avec 50^{cc} d'alcool à 95° chaud ; on laisse refroidir et on complète à 100^{cc}. Cette liqueur, possédant une belle teinte rouge, est alors comparée au colorimètre Duboscq avec la solution type de rouge de Bordeaux prise sous une épaisseur de 5 millimètres.

En appliquant cette méthode à des jeunes pousses, à des feuilles adultes ou à des pellicules de grains verts de divers cépages, j'ai obtenu le tableau suivant :

Nature des organes examinés		Unités de matière chromogène
Jeunes pousses de Cabernet-Sauvignon		[illegible]
— de Chasselas		[illegible]
Feuilles adultes	Cabernet-Sauvignon	[illegible]
	Chasselas	1.05
	Aspirant-Bouschet	1.80
	Merlot	1.40
	Alicante	1.25
	Petit-Bouschet	1.80
Pellicules de grains verts	Cabernet-Sauvignon	[illegible]
	Merlot	1.80
	Grappu	[illegible]
	Aspirant-Bouschet	[illegible]
	Petit-Bouschet	[illegible]
	Alicante	[illegible]
	Chasselas	[illegible]
	Sauvignon	[illegible]
	Sémillon	[illegible]

On voit que les jeunes pousses de la vigne — lesquelles dans ce cas n'étaient que des bourgeons ayant 4 à 5 centimètres de développement — sont particulièrement riches en matière chromogène ou œnotanin. Ce tanin emprunté aux réserves de la souche paraît donc jouer un rôle important, mais très peu connu dans le début de la végétation de la vigne, les feuilles adultes contiennent aussi des proportions notables de matière chromogène, et les chiffres obtenus sont souvent très voisins de ceux fournis par les pellicules de grains verts. On remarque aussi des différences assez sensibles entre les divers cépages.

Si on prend le Cabernet-Sauvignon, on voit que 5 grammes de pellicules permettent de colorer 200cc de liquide alcoolique avec une intensité égale à l'intensité prise pour unité et qui est comparable à celle d'un vin rouge moyen. Or, comme 5 grammes de pellicules correspondent à 25cc de moût environ, c'est 8 fois ce volume que l'on peut colorer comme il a été dit. Il y a donc dans les pellicules de grains verts des cépages rouges ou blancs, une accumulation de matière chromogène capable de donner une quantité de couleur bien supérieure à celle qui est nécessaire pour colorer normalement le vin provenant du jus correspondant à ces pellicules.

Nous allons chercher maintenant ce que devient, pendant la maturation du raisin, cette matière chromogène si abondante dans les pellicules vertes. Pour cela, nous déterminerons, à différentes époques de la maturation, la proportion de matière soluble et insoluble dans l'alcool, à l'aide de la méthode colorimétrique indiquée tout à l'heure. Le tableau suivant contient des chiffres obtenus avec des raisins de cépages rouges et blancs.

CÉPAGES	RAISINS VERTS matière chromogène			RAISINS VÉRÉS matière chromogène			RAISINS MÛRS matière chromogène		
	soluble	insoluble	totale	soluble	insoluble	totale	soluble	insoluble	totale
Cabernet-Sauvignon	[illegible]	1.50	1.85	0.50	[illegible]	1.70	1.20	[illegible]	1.87
Merlot	0.53	[illegible]	1.80	[illegible]	1.10	[illegible]	0.90	0.59	1.31
Grappu	0.35	1.30	1.66	0.25	0.91	1.16	0.66	0.38	[illegible]
Chasselas	0.25	1.20	1.45	0.28	0.83	1.11	0.35	0.52	0.87
Sémillon	[illegible]	[illegible]	1.45	0.33	0.77	1.10	0.52	0.43	0.95
Sauvignon	[illegible]	[illegible]	[illegible]	0.23	0.60	0.83	0.32	[illegible]	[illegible]

Par conséquent, plus on avance dans la maturation, plus la quantité de matières tannoïdes solubles augmente, tandis que la quantité insoluble diminue. Il y a donc solubilisation de la forme de réserve, et le rapport qui existait à l'état vert entre la forme soluble et la forme insoluble devient inverse quand la maturation est complète.

On remarque aussi une certaine diminution de la quantité totale de matière chromogène, plus sensible pour les cépages blancs que pour les rouges. En outre, les pellicules de raisins blancs très mûrs ne donnent plus par l'action de l'acide chlorhydrique à l'autoclave qu'une matière colorante rouge brun insoluble comme les solutions d'œnotanin fortement oxydées. La couleur jaune plus ou moins brun, dite dorée, des raisins blancs très mûrs est due par conséquent à de l'œnotanin plus ou moins oxydé.

Dans les pellicules de raisins rouges, il existe, à partir de la véraison, de la matière colorante et de l'œnotanin non transformé mais à l'état soluble, ainsi qu'on peut le constater en mesurant, avant et après le traitement à l'autoclave, l'intensité colorante du liquide d'épuisement des pellicules additionné d'acide chlorhydrique; on obtient par exemple des résultats comme ci-dessous.

	Avant traitement	Après traitement
Cabernet-Sauvignon (1)	0,66	1,26
Merlot	0,60	0,91
Malbec	0,45	0,60

Lorsque la maturation est tout à fait complète, ces différences n'existent plus ou sont beaucoup plus faibles, la pellicule ne contient plus que de la matière chromogène insoluble et de la matière colorante soluble dans l'alcool. Par conséquent la formation de cette matière colorante suit la solubilisation de la matière chromogène de réserve, et, au début, cette dernière transformation est plus rapide que l'autre. Elle a lieu vraisemblablement par une action diastasique comme pour d'autres produits de réserve lorsqu'ils doivent être utilisés par la plante. Ici, la matière chromogène de réserve est probablement sous forme de glucoside insoluble qui est solubilisé et dédoublé en glucose et œnotanin pendant la maturation. On peut dès lors se demander si la transformation de l'œnotanin en matière colorante chez les cépages rouges n'est pas également le fait d'une diastase, qui serait absente chez les blancs. J'ai essayé de vérifier cette hypothèse par la recherche directe de cette diastase dans les pellicules rouges pendant et après la véraison, mais je n'ai obtenu aucun résultat, même en appliquant le procédé Albert, qui permet de mettre en évidence l'existence de la zymase de Buchner dans la levure alcoolique.

Mécanisme physiologique de la formation de la couleur. — Cependant, en cherchant dans une autre voie, j'ai découvert des faits qui se relient étroitement à l'hypothèse d'une action diastasique ou, tout au moins, qui tendent à établir l'influence d'une action catalytique (1) tout à fait analogue. Je ne pourrais mieux faire connaître les faits qu'en reproduisant une communication à l'Académie des sciences publiée récemment (2).

« Dans une note antérieure (3), j'ai montré que certaines matières tanniques, traitées par l'acide chlorhydrique à 2 % à l'autoclave à 120°, donnent une matière colorante rouge, tandis que d'autres ne se prêtent pas à cette réaction. Pour le premier cas, le tanin des différents organes de la vigne et surtout des pellicules des raisins fournit un exemple typique; pour le second, on peut citer le gallotanin pur.

« Cependant, avec ce gallotanin, on peut obtenir aussi une magnifique couleur rouge dans des conditions différentes des précédentes et qui consistent à exposer au soleil une solution de tanin dans l'eau contenant de l'acide chlorhydrique et de l'aldéhyde formique.

« L'allure de l'action varie un peu suivant la proportion des matières en présence. Je décrirai celle des trois formules suivantes :

	N° 1	N° 2	N° 3
Tanin	0gr,5	0gr,5	0gr,2
Acide chlorhydrique	20cc	20cc	5cc
Formol (solution commerciale)	[illegible]	1cc	0cc,2

(1) Au moment où, dans son intéressant article, suggéré par mes recherches et paru dans le n° [illegible] de la *Revue*, M. Marsais émettait l'hypothèse d'une action catalytique, j'étais justement en train de faire les expériences dont il s'agit.

(2) *Comptes rendus*, novembre 1908.

(3) Sur l'origine de la matière colorante des raisins rouges et autres organes végétaux. *C. R. Acad. des Sciences*, juin 1908.

[illegible] le liquide [illegible] au bout de quelques jours, est arrivé à un rouge violacé, tandis que le liquide est à peu près incolore.

2e cas. — [illegible] le rougissement [illegible] la coloration est [illegible] le liquide, qui est un peu coloré, dépose sur les parois du vase en verre une pellicule adhérente de matière colorante absolument semblable à celle que donne la couleur du vin rouge sur les parois des bouteilles.

3e cas. — Le liquide reste limpide en se colorant peu à peu. L'intensité de la coloration peut atteindre la moitié de celle d'un vin ordinaire et il y a encore dépôt de matière colorante sur le verre.

d. Dans tous les cas, le rougissement se produit aussi à l'obscurité, mais plus lentement. La lumière favorise donc le phénomène comme elle favorise dans la nature la coloration des raisins rouges. Le contact de l'air n'est pas non plus nécessaire. Seulement, si la solution de tanin s'est fortement oxydée à l'air avant l'addition des deux réactifs, la nuance de la couleur rouge est jaunâtre et non violacée.

e. Les solutions et le précipité rouge insoluble dans l'eau [illegible] sont solubles dans l'eau alcoolisée, qu'ils colorent en rouge [illegible] vineux. Cette couleur vire au bleu [illegible] par l'ammoniaque et au vert [illegible] par la potasse ou la soude ; elle s'oxyde à l'air en jaunissant et [illegible] comme la couleur du vin rouge, mais beaucoup plus lentement que la couleur formée par l'œnotannin attaqué par l'acide chlorhydrique à l'ébullition. En somme, ces trois matières colorantes présentent entre elles de grandes analogies.

f. [illegible] précipitée par les mêmes réactifs. Toutes les matières tanniques essayées ont donné une couleur rouge dans les mêmes conditions ; cette transformation [illegible]

[illegible] chlorhydrique à 120° [illegible] par hydrolyse comme dans [illegible] par exemple [illegible]

[illegible]

L'anthocyane [illegible] premier produit de l'assimilation chlorophyllienne. On peut admettre [illegible] polyphénols [illegible] transformation [illegible] dans le règne végétal [illegible] des conditions de milieu convenables [illegible] matière colorante rouge.

[illegible] les conditions de milieu sont, comme [illegible] dans les actions diastasiques, et une diastase, quoique présente, peut très bien rester inactive si les conditions spéciales de milieu ne sont pas réalisées. C'est ce qui permet d'expliquer notamment :

« 1° La formation ou l'absence de couleur rouge chez certains fruits d'espèces « voisines ; exemple, les raisins rouges et blancs ;

« 2° L'apparition ou l'absence de couleur rouge automnale des feuilles de certains végétaux d'espèces voisines aussi : exemple, le chêne d'Amérique et le chêne de nos pays ;

« 3° La coloration rouge que prennent, à une époque quelconque, des végétaux entiers ou quelques-unes de leurs parties seulement lorsqu'ils subissent des lésions accidentelles qui modifient les conditions physiologiques de la nutrition des cellules (1).

« En somme, ce travail confirme la relation directe, que j'avais déjà indiquée, et qui existe entre les tanins si répandus dans les végétaux et le développement des pigments rouges de nature tannoïde ; il tend à éclairer, en outre, le mécanisme du phénomène en l'assimilant à une action diastasique qui donnerait naissance à une matière colorante rouge dérivant sans doute du noyau chromogène de nature phénolique que possèdent tous les tanins. »

Ces conclusions ne sont pas vraisemblablement le dernier mot de l'expérience sur cette question de physiologie végétale si délicate que soulève la coloration des raisins et de beaucoup d'autres organes végétaux, mais je crois qu'elles se rapprochent beaucoup plus de la vérité que les hypothèses diverses qui ont été émises antérieurement à ce travail.

Nous voyons, en effet, intervenir, dans l'explication du phénomène, un corps essentiellement chromogène, le tanin, puis la lumière dont l'activité chimique est bien connue, et enfin un corps issu de l'activité lumineuse et de l'activité chlorophyllienne combinées, l'aldéhyde formique, dont les transformations moléculaires si faciles sont bien de nature à provoquer dans les conditions de milieu favorables, le déclanchement de la dislocation moléculaire du tanin donnant naissance à la matière colorante rouge.

Vinification et matières tannoïdes. — Les raisins des divers cépages contiennent des proportions très variables de matières tannoïdes, comme l'ont montré les analyses de MM. Aimé Girard et Lindet. Si on considère, par exemple, l'Aramon, le Pinot noir et le Cabernet-Sauvignon qui donnent trois types principaux de vins rouges, on trouve que 100 kilos de grappes entières, à l'état mûr, apportent à la cuve les quantités suivantes de matières tannoïdes :

	Aramon	Pinot noir	Cabernet-Sauvignon
	kilo	kilo	kilo
Peaux	0,114	0,097	0,113
Pépins	0,117	0,438	0,193
Rafles	0,129	0,125	0,054
Total	0,360	0,660	0,360

Il n'a pas été tenu compte de la petite quantité de tanin contenu dans la pulpe qui est négligeable ; elle l'est moins cependant pour les cépages à jus coloré.

(1) Dans ce cas, entrent une foule de faits relatifs au rougissement pathologique des vignes rouges et même quelquefois des vignes blanches, et plus particulièrement ceux fort intéressants qui ont été signalés par M. Pacottet dans la Revue en 1906.

Les chiffres correspondant aux pellicules représentent surtout des poids de matière colorante, tandis que ceux des pépins et des rafles comprennent les quantités d'œnotanin et de phlobaphène solubles dans l'alcool concentré ou dans l'éther à 53°. Ces dissolvants sont certainement meilleurs que le vin; aussi, malgré la faible proportion de matières tannoïdes que le marc offre au volume de vin correspondant, cette proportion n'est jamais entièrement dissoute. C'est ce que l'on peut mieux voir en calculant les quantités de matières tannoïdes contenues dans les poids de vendange capables de donner 100 litres de vin, ces poids étant approximativement de 130 kilos pour l'Aramon et de 150 kilos pour les deux autres cépages; le calcul donne les chiffres suivants :

	Aramon	Pinot noir	Cabernet-Sauvignon
	kilo	kilo	kilo
Peaux	0,148	0,145	0,169
Pépins	0,152	0,657	0,289
Rafles	0,165	0,187	0,081
Total	0,466	0,989	0,539

Rarement, les vins de ces divers cépages contiennent de pareilles quantités de tanin, donc le marc en conserve une certaine proportion non dissoute par le vin ou insolubilisée après avoir été dissoute à la suite des réactions que nous considérerons tout à l'heure.

Mais ces chiffres n'ont rien de constant, car la proportion de marc et la proportion de matières tannoïdes contenues dans ce marc sont variables suivant les années. Ainsi, avec le Cabernet-Sauvignon, il arrive quelquefois que le vin renferme plus de 5 à 6 grammes de tanin dosé par le procédé qui sera indiqué plus tard.

La quantité de couleur varie beaucoup moins que le total des matières tannoïdes, mais cela ne veut pas dire que les vins de ces trois cépages doivent avoir la même intensité de coloration, on sait en effet qu'il en est tout autrement, et nous en examinerons plus loin les raisons.

Dissolution des matières tannoïdes. — Tant que les cellules de la pellicule sont vivantes, la dissolution de la matière colorante dans le moût est impossible, car les phénomènes d'osmose ne peuvent se produire à travers les parois de ces cellules, il faut qu'elles soient déchirées pour que la couleur en sorte. Mais, dès que la fermentation commence, ces cellules, qui sont essentiellement aérobies, sont rapidement asphyxiées, puisque le gaz carbonique a remplacé l'air dans le milieu. Dès ce moment, les membranes des cellules deviennent perméables et la diffusion de la matière colorante et des autres matières tannoïdes a lieu avec d'autant plus de facilité qu'il y a de l'alcool dans le moût et que la température du milieu s'élève, ainsi que l'ont établi les résultats de M. E. Rousseaux (1).

La mortification des cellules peut être obtenue aussi par le chauffage de la vendange, procédé employé quelquefois dans certaines régions pour augmenter la couleur des vins, mais en l'appliquant à une fraction seulement de la récolte. On a cherché récemment à le pratiquer sur la totalité de la vendange dans des buts divers, mais sans beaucoup de succès. Enfin M. Barbet, tout dernièrement, a proposé l'emploi de l'acide sulfureux pour stériliser la vendange rouge et obtenir la dissolution de la matière colorante dans le moût. Cette couleur, décolorée en grande partie par l'acide sulfureux, reprend toute son intensité

(1) Du tanin dans les vins, *Revue de Viticulture*, t. XI, p. 241.

colorante, quand on chasse l'acide sulfureux par le vide aidé d'une température modérée.

Tous ces faits s'appliquent aux matières tannoïdes des pépins et de la rafle et en général à toutes les matières extractives que fourniront les parties solides de la vendange.

Nous allons maintenant considérer plus spécialement ce qui se passe dans le cas de la fermentation en cuve se produisant dans les conditions ordinaires. L'épuisement du marc en matières tannoïdes dépend essentiellement de la constitution du liquide qui le baigne, constitution qui règle le pouvoir dissolvant de ce liquide. L'alcool et l'acidité sont les principaux éléments de ce pouvoir, le rôle des sels minéraux et organiques étant peu connu et sans doute favorable seulement à la clarification, car ce sont des coagulants de certaines combinaisons plus ou moins solubles des matières tannoïdes. En général, quand on a affaire à des raisins rouges suffisamment colorés et mûrs que l'on vinifie dans des conditions normales, le vin qui en résulte peut être considéré comme saturé de matière colorante, parce qu'il n'emporte qu'une fraction plus ou moins grande de celle que contient le marc. Il n'en est pas de même pour l'œnotanin, car sa proportion peut augmenter plus ou moins sans que la quantité de couleur dissoute augmente, comme nous le verrons plus loin.

La couleur qui reste dans le marc s'y trouve sous plusieurs états : 1° à l'état libre et soluble, c'est-à-dire qu'elle est susceptible, soit de se dissoudre dans du vin blanc par exemple que l'on viendrait à introduire sur le marc rouge, soit de colorer le vin de seconde cuvée qui serait fait avec ce marc, soit enfin de se dissoudre dans une solution alcoolique acidulée par l'acide tartrique.

2° A l'état combiné ou insoluble, c'est-à-dire unie aux matières albuminoïdes fournies par le moût : cette combinaison s'effectue pendant la fermentation au moment où la dissolution de la couleur commence, mais la coagulation du composé, par l'alcool et les sels minéraux ou organiques, qui débute dans la cuve, peut se poursuivre plus tard après le décuvage.

3° Sous forme de teinture dans la rafle qui s'est imprégnée de vin et même sur les parois des cellules de levure.

La couleur est une des qualités les plus importantes des vins rouges ; une *belle robe* leur donne toujours plus de valeur, et l'on a cherché depuis longtemps à obtenir le maximum de coloration en modifiant plus ou moins le mode le plus simple de vinification qui consiste à introduire la vendange entière et foulée dans une cuve ouverte d'où on retirera le vin, sans autre préoccupation, quand il ne contiendra plus de sucre. Il est donc intéressant d'étudier l'influence que peuvent avoir sur la couleur ces modifications anciennes ou récentes, lesquelles se classent en trois groupes :

1° Traitements mécaniques et physiques de la vendange : le foulage, l'égrappage, le chauffage et la concentration ;

2° Traitements chimiques : le sucrage, le plâtrage, le phosphatage, le tartriquage, le tanisage et le sulfitage ;

3° Les modes divers de cuvage et de conduite de la fermentation.

Foulage. — Le foulage est un opération bien connue qui facilite beaucoup le départ de la fermentation et la marche ultérieure du phénomène ; il en résulte par suite une influence de même sens sur la rapidité de dissolution de la matière colorante dans le vin, et cette influence a d'autant plus d'importance que la durée du cuvage est plus courte.

D'autre part, si les pellicules sont bien déchirées et froissées par le foulage, leur mortification est plus rapide, d'où la possibilité d'une diffusion immédiate du contenu des cellules dans le milieu ambiant, diffusion qui se produit à la fois par la face interne et la face externe de ces pellicules.

Nous considérerons plus loin le mode particulier de cuvage où le foulage complet des grains est supprimé en grande partie.

Égrappage. — En éliminant la rafle par l'égrappage, la quantité de tanin apportée dans la cuve par la vendange diminue dans une proportion variable suivant les cépages, 15 % seulement pour le Cabernet-Sauvignon, mais 30 % pour l'Aramon, d'après les chiffres du tableau ci-dessus. Le vin doit par conséquent être privé d'œnotanin dans une proportion analogue. La proportion des pellicules n'étant pas changée pour un même volume de moût, il semble que la couleur du vin ne puisse être modifiée par l'égrappage, mais il n'en est pas ainsi, comme nous allons le voir.

Les premiers résultats précis qui ont été publiés sur la question sont dus à M. Vincens. Ses expériences ont porté sur trois cépages du Midi et ont donné les résultats suivants :

Nature des cépages	Alcool	Acidité	Coloration
Négrette égrappée	8°0	3.60	VR 175
— non égrappée	8.7	3.80	VR 200
Aramon égrappé	8.8	3.08	VR [illegible]
— non égrappé	8.9	3.[illegible]	VR [illegible]
Petit Bouschet égrappé	8.9	[illegible]	VR 80
— non égrappé	8.9	[illegible]	VR 66

Les intensités de coloration des vins ont été mesurées à l'aide du vinocolorimètre de Salleron qui est bien connu. Ces intensités sont inversement proportionnelles aux épaisseurs en centièmes de millimètre de la couche de vin présentant la même nuance et la même intensité de teinte que la coloration type. Nous voyons que l'égrappage a un effet positif pour le premier cépage, nul pour le second et négatif pour le troisième. Il est donc difficile de tirer une conclusion générale de ces résultats. Mais nous en avons d'autres à considérer se rapportant à d'autres cépages et à d'autres régions.

J'ai fait en 1902, en Gironde, avec le Cabernet-Sauvignon récolté dans deux régions où la nature du sol est très différente, dans les *Graves* de la région et dans les *Palus* du Médoc, des expériences dont les résultats ont été publiés en 1903 (1). Dans chaque cas, la vendange employée provenait d'une même pièce, et la quantité employée pour chaque essai était [illegible], une barrique [illegible] de 225 litres servant de cuve. Les conditions de la fermentation furent celles des cuves ouvertes avec foulage du chapeau jusqu'à la fin de la fermentation principale qui dura [illegible] jours. Les barriques furent ensuite fermées et on a [illegible] fait suivre cette fermentation principale d'une période de macération d'une semaine environ. Ces conditions un peu anormales par rapport au mode courant de vinification en Gironde me parurent cependant très convenables pour faire ressortir le mieux les différences à constater. La nature des divers essais était la suivante : 1° Vendange entière et foulée ; 2° Vendange égrappée et foulée ; 3° Vendange égrappée et foulée avec addition d'une quantité de marc égrappé égale à la quantité normale ; 4° Vendange entière et foulée avec

(1) *Bulletin de la Société [illegible] de France*, 1903.

addition d'une quantité de rafle égale à la quantité normale; 5° Vendange égrappée et foulée; 6° Vendange entière et foulée. Les quatre premiers essais furent faits dans les *Graves*, les deux autres dans les *Palus*. Au décuvage, le marc fut pressé et le vin de presse mélangé au premier vin. Sur cet ensemble, on préleva dans chaque cas une demi-barrique entière qui fut conservée à la manière habituelle, et sur laquelle, après clarification complète du vin, on prit un échantillon destiné à l'analyse. Les résultats obtenus sont consignés dans le tableau suivant :

Matières dosées.	nº 1	nº 2	nº 3	nº 4	nº 5	nº 6
Alcool	9°,0	9°,2	9°,1	8°,7	8°,2	8°,1
	gr.	gr.	gr.	gr.	gr.	gr.
Extrait à 100°	23,40	22,0[illegible]	23,35	23,40	22,70	24,50
Acidité totale	4,67	4,83	4,49	4,32	6,37	5,98
Acide tartrique libre	0,16	0,25	0,15	0,11	0,30	0,30
Cendres	2,30	2,22	2,44	2,50	2,70	3,10
Matières tannoïdes	3,85	3,27	4,00	4,27	2,45	3,35
Couleur	4° VR 120	4° VR 110	4° VR 100	4° VR 150	4° VR 180	4° VR 180

Entre les essais nº 1 et nº 2 nous voyons un gain de couleur de 10 % en faveur de la vendange égrappée, qui correspond au gain obtenu par M. Vincens avec la Négrette égrappée. Avec l'essai nº 3, nous avons, par rapport au nº 2, un gain de 10 % seulement, malgré la présence d'une proportion double de pellicules. Pour le nº 4, au contraire, il y a une perte de 30 % environ par rapport à la vendange entière, tandis que la quantité de rafle n'a fait que doubler, la perte de couleur a triplé. Si nous comparons les nºs 5 et 6 entre eux, nous ne trouvons plus la différence qui existe entre 1 et 2; il est probable que la différence, d'ailleurs faible, tend à s'atténuer complètement lorsque l'intensité de coloration s'abaisse en même temps que la constitution du vin s'affaiblit. Cette influence de la constitution du vin sur la coloration est bien mise en évidence par ces deux séries d'essais faits avec le même cépage, mais de provenance différente; elle permet aussi d'expliquer les faits établis par les essais de la première série. Nous trouvons, en effet, pour le nº 2, des gains d'alcool, d'acidité totale et d'acide tartrique libre, lesquels, réunis, peuvent fort bien donner au vin un pouvoir dissolvant pour la matière colorante supérieur de 10 % à celui du nº 1. L'infériorité du pouvoir dissolvant est encore plus accentuée pour le nº 4, qui présente une différence de composition plus marquée par rapport au nº 2.

Le rôle défavorable de la rafle au point de vue de la constitution du vin a été mis en relief depuis longtemps par M. Bouffard, et les analyses de MM. Aimé Girard et Lindet ont établi que la présence de la rafle fait baisser les proportions de sucre et d'acidité dans la vendange mise en cuve; elle entraîne également l'affaiblissement de la quantité d'acide tartrique libre du moût en lui fournissant de la potasse sous forme de sels organiques à acides faibles. Aussi voit-on la quantité de cendres augmenter dans les vins de vendange non égrappée.

Dans les variations du pouvoir dissolvant du vin pour la couleur, c'est l'alcool qui paraît jouer le principal rôle. Ainsi, nous constatons entre les vins 2 et 4 une différence alcoolique de 0°,5 et une différence de coloration de 40 divisions, soit 80 divisions pour 1° d'alcool; or, cette différence est voisine de celle que l'on trouve entre les vins 1 et 5 dont la différence alcoolique est exactement de 1°. Si, dans ce dernier cas, la différence est plus faible de 10 divisions, c'est qu'elle a été atténuée par la présence d'une plus grande quantité d'acidité totale et d'acide tartrique libre.

Enfin nous arrivons au cas tout à fait spécial présenté par le n° 4, où la quantité de pellicules introduites dans la cuve était doublée. On voit que le gain de couleur était loin d'être proportionnel à cette augmentation des pellicules, puisqu'il n'atteignait que 10 %, et encore était-il d'une stabilité douteuse, à cause d'une sorte de sursaturation du vin.

Il y a là, par conséquent, une confirmation complète de l'idée qui conduit à envisager le degré de coloration des vins rouges provenant d'une vendange normale comme dépendant essentiellement du pouvoir dissolvant de ce vin et par suite de sa constitution même. D'autre part, comme dans les marcs de raisins rouges il y a en général une quantité de couleur plus que suffisante pour saturer le vin, cette saturation peut être obtenue sans le secours des procédés plus ou moins compliqués qu'on a imaginés dans ce but.

Cette conclusion écarte aussi l'explication que l'on a donnée souvent de l'influence de la rafle sur la diminution de la couleur du vin, et qui consiste à admettre une absorption de matière colorante par le tissu ligneux. Cette absorption n'aurait en effet un résultat positif que si toute la couleur du marc était dissoute par le vin.

Les expériences ci-dessus permettent enfin de voir qu'il n'y a aucune relation entre la quantité totale de matières tannoïdes et l'intensité colorante du vin ; la quantité d'œnotanin est donc sans influence sur la dissolution de la couleur. Cela ne veut pas dire qu'il ne joue aucun rôle au sujet de la coloration des vins ; nous verrons au contraire plus tard que ce rôle est très important au point de vue de la conservation de la couleur, d'après des résultats très intéressants obtenus par M. Pacottet, et parmi lesquels on peut encore relever une confirmation de l'influence favorable de l'égrappage sur la couleur des vins. Dans ses essais qui ont porté sur le Pinot noir de Bourgogne le gain de couleur était de 20 % pour la vendange égrappée.

Chauffage de la vendange. — Le chauffage de la vendange en vue d'augmenter la couleur du vin est de date très ancienne, mais il n'est en général appliqué qu'à de petites quantités de récolte et à l'aide de dispositifs très rudimentaires. Mais, quand on a songé à stériliser complètement la vendange dans le but d'améliorer la fermentation par l'emploi des levures pures sélectionnées et éviter par conséquent les dangers de l'ingérence des ferments de maladie, que présente très souvent la vinification ordinaire dans les pays chauds, on a dû recourir à des procédés de chauffage plus parfaits permettant d'éviter l'altération des qualités du moût par l'excès de température et d'aération. C'est M. Rosenstiehl qui a, le premier, obtenu sur une assez grande échelle le résultat voulu en appliquant la méthode de stérilisation de Tyndall et en chauffant la vendange en présence du gaz carbonique. La température ne dépassait pas 50° ; on la laissait descendre deux fois à 40° et on la portait de nouveau à 50°. C'est là un procédé peu pratique ; toutefois, il permet d'obtenir un moût possédant toutes ses qualités avec une très belle coloration, bien supérieure même à la coloration du vin obtenu par la vinification ordinaire de la même vendange. C'est ce moût coloré et stérilisé que l'on présente à certains consommateurs sous le nom de vin sans alcool, mais il peut être aussi transformé en véritable vin par la fermentation.

M. Martinand s'est occupé aussi de cette question ; mais c'est surtout MM. Kayser et Barba, à Nîmes, qui ont cherché à rendre le chauffage de la vendange applicable à la vinification méridionale. En dernier lieu, Barba avait adopté la méthode suivante : Le moût circulait dans un caléfacteur tubulaire, où le contact de l'air était complètement supprimé, puis il était renvoyé sur la vendange qui était contenue dans une cuve et qui s'échauffait progressivement. Lorsque la température de 75° était atteinte, on arrêtait le chauffage et on laissait la vendange se refroidir spontanément, ou bien on soutirait le moût, aussitôt dans des fûts pour avoir un refroidissement plus rapide. Ce moût stérilisé pouvait être conservé un certain temps dans ces conditions ou bien être ensemencé sitôt que la température était descendue au voisinage de la température ambiante. La fermentation de ces moûts colorés n'a lieu qu'avec une activité analogue à celle des moûts blancs, souvent même elle est moindre, parce que les matières tannoïdes, très abondantes dans le moût dès le commencement de la fermentation, et surtout la couleur qui se fixe partiellement sur les levures, sont un frein pour l'activité végétative de ces levures et pour les propriétés osmotiques de leurs parois cellulaires ; aussi les dernières traces de sucre sont-elles souvent très longues à disparaître.

Pour éviter cet inconvénient, on doit dans les premiers temps de la fermentation favoriser la multiplication des levures par une aération assez intense. Malheureusement, ce sont là des conditions défavorables à la conservation de la couleur du vin, car l'oxygénation de cette couleur qui a été déjà partielle pendant le chauffage se continue outre mesure et devient par suite une cause d'insolubilisation ultérieure et de jaunissement prononcé. Il en est de même lorsqu'on attend trop longtemps pour mettre en fermentation le moût stérilisé coloré. Voici d'ailleurs les conclusions de Barba extraites de son rapport (1) sur ses expériences : « La couleur sera d'autant plus vive, que les moûts seront d'autant plus acides. Cette couleur ne paraît pas modifiée par l'aération légère qui se fait pendant le chauffage; elle peut être altérée et insolubilisée en partie, lorsque, après la chauffe, on maintient longtemps le moût sans fermentation, soit par suite d'un stationnement trop prolongé à haute température, soit par l'action lente de l'air sur le moût. Durant ce temps de non-fermentation, le moût très coloré du début, chargé d'extrait, perd en partie ce que la chaleur lui avait donné, et la coloration s'en trouve diminuée. Si au contraire la fermentation suit le chauffage, *il semble* que la décoloration n'est plus à craindre, et surtout le changement de ton de la couleur. »

En somme, ces expériences diverses montrent qu'il est possible d'obtenir, par le chauffage, un moût coloré qu'on peut stériliser complètement en vue de le transporter à d'assez grandes distances pour en faire ensuite un vin bien constitué et de bonne qualité. Quant à appliquer ce procédé à la vinification courante pour réaliser les améliorations qu'il peut procurer, les conditions économiques actuelles de la viticulture ne permettent guère d'y songer.

Concentration de la vendange. — Cette dernière conclusion peut s'appliquer à l'idée de concentrer la vendange des cépages à grand rendement pour obtenir des vins plus riches en la plupart de leurs éléments, alcool, extrait, acidité, couleur, etc. A ce dernier point de vue, les tentatives de M. Roos ont parfaitement réussi. En combinant une chaleur modérée et le vide, il arrivait facilement à une concentration de 25 à 30 p. 100, et il a obtenu ensuite avec cette vendange concentrée des vins très beaux et capables surtout de rendre de grands services

(1) *Annales de la Société des Viticulteurs de France*, 1904.

dans les coupages. L'augmentation de couleur n'était peut-être pas toujours proportionnelle à la concentration de la vendange, mais elle était cependant très notable et cette couleur conservait une tenue parfaite.

Traitements chimiques. — Les traitements chimiques, ayant pour but de modifier plus ou moins avantageusement la constitution du vin, doivent par suite modifier son pouvoir dissolvant pour la couleur. Ces modifications portent plus particulièrement sur la richesse alcoolique ou sur l'acidité : le premier cas correspond au sucrage et le second à la plupart des autres traitements.

Sucrage. — Les principales variations de la constitution du vin dues au sucrage sont une augmentation de l'alcool proportionnelle à la quantité de sucre employée et une diminution légère de l'acidité ; mais, comme c'est de la richesse alcoolique que dépend surtout la dissolution de la matière colorante, le gain de couleur doit être en raison directe de l'importance du sucrage, et c'est ce que l'on constate en pratique. Malgré la dépense élevée que comporte ce traitement depuis l'établissement de la taxe supplémentaire sur le sucre, il est devenu plus en faveur dans le Sud-Ouest grâce à la loi sur les fraudes, et cette conséquence est sans aucun doute favorable aux viticulteurs de notre région.

On sait en effet qu'un coupage de deux ou plusieurs vins ne peut être doté d'une appellation régionale que si les constituants de ce coupage sont tous de la même région. Le commerce a donc intérêt à trouver, dans la région qu'il veut faire valoir, des vins capables de lui fournir des avantages égaux et même supérieurs à ceux que lui ont offerts jusqu'à présent, au point de vue des coupages, certains vins plus ou moins étrangers. Or, ces avantages peuvent dans bien des cas être obtenus par le sucrage.

Dans la Gironde, cependant, son application n'est pas toujours très facile. Si, par exemple, comme en 1908, avec des moûts qui naturellement doivent donner 10 à 11° d'alcool et même plus, on veut sucrer pour avoir 13° seulement, on n'arrive pas à une fermentation complète sans quelque difficulté, ainsi que l'ont constaté plusieurs propriétaires. Ils se sont trouvés en effet dans des conditions pareilles à celles des années très chaudes, où la richesse saccharine du moût et la température développée dans la cuve sont au-dessus de la normale ; la vinification a donc présenté les difficultés correspondantes. Mais, ces difficultés ayant été vaincues, les vins obtenus ont une grande partie des avantages fournis exclusivement par la nature dans ces mêmes années.

Plâtrage. — Phosphatage. — Tartriquage. — Ces trois traitements chimiques de la vendange ont sensiblement les mêmes conséquences pour la couleur des vins parce qu'ils modifient à peu près de la même manière l'état chimique de la matière colorante. Dans le plâtrage, le sulfate de chaux réagissant sur la crème de tartre donne, comme on sait, du sulfate de potasse, du tartrate de chaux et de l'acide tartrique libre. Celui-ci, tendant à repasser à l'état de crème de tartre, emprunte de la potasse en plus ou moins grande partie à la combinaison potassique de la couleur. La matière colorante ainsi dégagée de sa combinaison acquiert une nuance plus vive et une fixité plus grande.

Le phosphatage par le phosphate bicalcique de chaux donne lieu aux mêmes réactions que le plâtrage, avec cette différence que le sulfate est remplacé par le phosphate de potasse.

Quant à l'addition d'acide tartrique, elle conduit aux mêmes avantages sans introduire dans le vin des sels minéraux en excès, quelquefois même étrangers au vin quand le plâtre ou le phosphate de chaux sont impurs. Mais le prix du traitement est bien supérieur à celui des deux autres. En somme, comme ces divers traitements modifient la constitution du vin et déterminent une défécation plus rapide et plus complète, il en résulte une amélioration de la couleur, en tant que nuance, intensité et fixité.

Sulfitage de la vendange. — L'addition d'acide sulfureux à la vendange, sous forme de bisulfite de potasse, a été pratiquée, tout d'abord, seulement lorsque les raisins étaient altérés par la pourriture grise et en vue de protéger préventivement la matière colorante contre la maladie de la casse. Nous retrouverons cette question en étudiant les altérations de la matière colorante.

Sur les conseils de M. Martinand et de M. Andrieu, le sulfitage a été appliqué ensuite même à la vendange saine, pour en régulariser et améliorer la fermentation. Les bons résultats obtenus dans cette voie font que la méthode se généralise de plus en plus dans les pays chauds, midi de la France et Algérie, et les expériences de MM. Dupont, Ventre, Marès, etc., y ont également contribué dans une large mesure. Les effets du traitement ne s'écartent pas beaucoup de ceux du plâtrage; son action, au point de vue de l'amélioration de la couleur, est peut-être même plus sensible, surtout si l'acide sufureux est introduit à l'état libre. L'acide sulfureux est un acide minéral assez énergique qui peut, mieux encore que l'acide tartrique, décomposer certaines combinaisons organiques de la potasse, mais cette action est très secondaire par rapport à son influence décolorante. La décoloration de la matière colorante est due à la formation d'une combinaison incolore que l'oxygène de l'air est capable de détruire en transformant l'acide sulfureux en acide sulfurique et régénérant la couleur. Comme l'acide sulfurique s'empare de la potasse qui pouvait entrer dans la combinaison incolore, la matière colorante devient libre comme dans les autres cas. Sous cette forme, elle paraît être plus résistante à l'oxydation contre laquelle elle est protégée aussi par de petites quantités d'acide sulfureux restant dans le vin à sa sortie de la cuve.

Mais le sulfitage a d'autres conséquences, toutes favorables à la constitution du vin et par suite à sa coloration. Suivant M. Dupont (1), la somme alcool-acide se relève très facilement d'une unité et peut même dépasser deux. C'est ce qui explique les gains de couleur « variant de 20 à 40 % ordinairement, et qui sont particulièrement sensibles avec les cépages les moins colorés (aramon, carignan) ». La teinte est également améliorée : « C'est ainsi que l'examen au vino-colorimètre Salleron fait ressortir très nettement une modification très heureuse de la nuance qui se fait dans la tonalité franche rouge vif, légèrement violacé, exempte de toute trace de jaune, caractéristique des vins nouveaux bien faits. » Ces résultats sont obtenus avec des doses mêmes modérées d'acide sulfureux, qui sont ordinairement de 10 à 12 grammes par hectolitre et qui ne donnent, en définitive, que des quantités très faibles de sulfates, puisque ces doses d'acide sulfureux correspondent seulement à 0 gr. 27 et 0 gr. 32 de sulfate de potasse par litre. Ces chiffres ne peuvent faire augmenter les proportions ordinaires des sulfates contenus dans les vins normaux jusqu'à leur faire dépasser la limite de 1 gramme par litre, qui est celle que l'on admet habituellement pour les vins non plâtrés.

Il n'en serait pas de même du procédé Barbet, qui consisterait à stériliser la vendange rouge à l'aide d'une dose massive d'acide sulfureux, 150 grammes par

(1) *Revue de Viticulture*, t. XXX, page 251.

hectolitre environ, pour l'utiliser ensuite dans des vineries industrielles fonctionnant toute l'année. Pendant les nombreuses manipulations subies par cette vendange, foulage, mise en cuve pour une macération de trois jours, décuvage, pressurage pour séparer du marc le jus qui a dissous la couleur, entonnage et transport du moût, et pendant la conservation de ce moût, puis la désulfitation, l'oxydation de l'acide sulfureux serait probablement assez importante pour porter la proportion du sulfate de potasse au delà de la limite de 2 grammes par litre.

Tanisage de la vendange. — L'addition de tanin à la vendange rouge saine est rarement pratiquée ; elle paraît beaucoup plus nécessaire dans les cas d'altérations par la pourriture grise qui détruit une proportion plus ou moins grande du tanin de la rafle et de la matière colorante de la pellicule. Ainsi, dans une expérience en pareil cas, j'ai observé les résultats suivants avec une dose de 20 grammes par hectolitre de vendange :

	Vendange pourrie tanisée	Vendange pourrie non tanisée	Vendange saine non tanisée
Matières tannoïdes	2gr,70	3gr,08	3gr,35
Couleur	1 R. 365	1re R. 460	4e V. R. 180

La vendange pourrie mais tanisée a donc fourni un vin dont l'intensité de coloration dépasse de plus de 20 % celle du témoin non tanisé ; il y a également un avantage dans la nuance de la couleur.

Les résultats obtenus avec le vin provenant de raisins sains de même provenance que les autres permettent de juger du degré de pourriture de la vendange altérée, et d'après la quantité de matières tannoïdes contenue dans chacun des deux premiers vins il semble que la vendange tanisée était même plus altérée que sa voisine non tanisée.

Par conséquent, dans de pareilles circonstances, un tanisage, même à dose aussi faible, peut produire d'excellents résultats ; à plus forte raison si on augmente la dose de tanin employée. Cette influence du tanin peut être observée également avec la vendange saine, d'après les expériences de MM. Coudon et Pacottet (1), dans lesquelles un lot de raisins Black-Alicante foulés et tanisés à 2 grammes par litre a donné un vin dont l'intensité de coloration était représentée par 1,8, tandis que celle du témoin non tanisé était égale à 1 seulement.

En pratique, l'emploi d'une si forte dose de tanin serait non seulement très coûteux, mais il risquerait aussi de donner au vin un goût beaucoup trop astringent, bien que généralement la majeure partie du tanin ainsi ajoutée soit insolubilisée dans le marc et les lies. Quant à la cause de l'influence favorable du tanisage à dose modérée pour la vendange pourrie, elle ne peut être guère attribuée qu'au rôle de conservateur de la couleur que nous retrouverons plus loin et qui est identique avec une vendange saine, pauvre en couleur. A haute dose, l'effet s'accentue ; en outre il y a vraisemblablement une modification du milieu assez importante pour entraîner la dissolution d'une plus grande quantité de couleur, même pour une vendange riche en matière colorante.

Modes divers de cuvage et de conduite de la fermentation. — Les conditions diverses dans lesquelles se produit la vinification en cuve peuvent faire varier le contact du moût en fermentation avec le marc et avec l'air, deux causes de variations de la couleur du vin qui sont importantes.

(1) *Revue de Viticulture*, t. XV, p. 121.

Chapeau submergé. — Avec la cuvaison à cuve ouverte et chapeau flottant, environ la moitié seulement du marc plonge dans le vin, de sorte que, si on décuve dès la fin de la fermentation, le contact du marc et du vin est réduit au minimum; par contre, si on enfonce le chapeau par foulage à la cuve, ou si on le maintient submergé à poste fixe, ce contact sera maximum. Donc, s'il doit y avoir une différence dans la coloration des vins, elle sera également maximum, toutes choses égales d'ailleurs.

En se plaçant dans les cas ordinaires de la vinification des raisins rouges assez colorés, cette différence est le plus souvent nulle ou assez faible. Ainsi, dans les expériences de M. Mathieu sur les Gamays ordinaires de Bourgogne, où l'immersion du chapeau était pratiquée par enfoncement successifs, les résultats ont été les suivants (1) :

État du chapeau	Couleur du vin aussitôt après décuvage	Couleur du vin 4 mois après décuvage
Immergé	1,00	1,00
Flottant	0,90	0,70

On voit que, au sortir de la cuve, la différence entre les deux vins n'était que de 10 % en faveur du chapeau immergé. Cette différence s'est accentuée par la suite à cause d'une insolubilisation assez notable de la couleur du vin n° 2. M. Mathieu explique ce fait par une différence dans les conditions d'aération du chapeau, mais il est peut-être plutôt en relation avec une infériorité de la dose d'œnotanin contenue dans ce dernier vin.

Cependant, cette influence très nette du chapeau flottant ne doit pas être trop généralisée, car dans des expériences que j'ai faites en 1906 avec une vendange de Cabernet-Sauvignon très riche en tous ses éléments, aucune différence dans la couleur des vins n'a pu être constatée pour ces deux modes de cuvage ni pour d'autres dont il est question ci-dessous. Ce résultat est d'ailleurs resté constant depuis lors pour ces vins.

Cuves fermées. — Dans une cuve fermée, la protection de la couleur contre l'oxydation est portée au maximum, mais ce n'est pas une condition toujours favorable à la nuance et à la fixité de la matière colorante, car une oxydation ménagée fait tomber la partie trop violacée de la couleur, qui masquait une coloration plus vive et plus intense même.

Une vendange soigneusement égrappée, mise en cuve fermée, peut donner un vin présentant un manque de coloration, ainsi que l'a remarqué Coste-Floret, lorsque la cuve est trop pleine. Le marc étant fortement tassé contre le fond supérieur, sa perméabilité devient insuffisante et la dissolution de la couleur dans le vin se fait mal. Le remède à cet inconvénient est facile à trouver : il n'y a qu'à moins remplir les cuves et à égrapper la vendange par une méthode moins parfaite qui laissera, avec un peu plus de rafle, plus d'élasticité au marc.

Cuvage prolongé. — La pratique qui consiste à laisser macérer le marc dans le vin par une prolongation du cuvage semble avoir pour but principal d'obtenir plus de couleur et plus de limpidité dans le vin au moment du décuvage; mais au fond, elle n'est qu'une conséquence forcée de la manière habituelle de conduire le travail de la vinification depuis la cueillette des raisins jusqu'au décuvage du vin.

(1) *Revue de Viticulture*, t. XI, p. 405.

Incontestablement, une macération de plusieurs semaines procure la dissolution dans le vin d'une plus grande quantité des principes du marc; le vin se sature en matières tannoïdes notamment qui favorisent sa clarification. En outre, comme les dernières traces de sucre fermentent en présence du marc, il peut y avoir un léger gain de couleur par rapport à celle du vin décuvé de bonne heure.

M. Mathieu a cependant attiré l'attention sur un fait qui paraît infirmer ce raisonnement et qui est le suivant : « Du vin décuvé après le quatrième jour de fermentation, qui s'est achevée comme pour un vin blanc, était plus coloré que le vin demeuré en cuve ; de même une autre cuve, dans laquelle on avait ajouté un excès de marc, a donné un vin moins coloré que le témoin » (1).

Mais si on tient compte de cette autre observation de M. Mathieu, que la diminution de la couleur a correspondu à la décroissance de l'acidité totale du vin en fermentation, il paraît facile d'expliquer cette diminution par un affaiblissement du pouvoir dissolvant du vin entraînant une précipitation partielle de la matière colorante, ou par une modification de son intensité colorante due à cette perte d'acidité. D'ailleurs, il est fort possible que la courbe de dissolution de la couleur, après avoir présenté un maximum, subisse une inflexion suivie d'un relèvement plus ou moins complet, correspondant à une macération un peu longue.

En général, les divers avantages que l'on recherche par une macération prolongée sont très faibles et toujours disproportionnés avec les chances d'altération du vin que comporte ce mode de cuvage et qui sont bien connues. Dans la plupart des cas, on peut obtenir des avantages égaux par les cuvaisons plus courtes en effectuant le remontage du moût pendant la fermentation.

Remontage du moût. — Pratiquée avec arrosage du chapeau, cette opération convient admirablement pour activer la transformation du sucre, à cause du renouvellement des couches liquides qui se trouvent en contact avec le marc et dans lesquelles la prolifération des levures a son maximum d'activité. La circulation du vin peut avoir lieu au contact de l'air ou à l'abri de ce contact suivant les circonstances de la fermentation et les moyens dont on dispose pour exécuter cette manipulation.

Si la température du vin qui circule à l'air est élevée, 35 à 40° par exemple, et si le courant liquide est largement étalé, comme on le fait quelquefois, la quantité d'oxygène absorbée peut devenir trop grande et dangereuse pour la conservation ultérieure de la couleur. Cet inconvénient est d'autant plus grand que le vin est moins riche en couleur et œnotanin. Il est d'ailleurs inutile de se placer dans de pareilles conditions parce qu'une aération plus modérée suffit pour conserver à la levure sa vitalité et que le refroidissement par l'air est presque négligeable. On sait qu'il existe des moyens plus parfaits de réfrigération du vin, tels que les serpentins métalliques refroidis par l'eau, lesquels, employés préventivement, évitent l'apparition de températures trop élevées dans la cuve et provoquent l'aération nécessaire au maintien de l'activité de la levure.

En somme, si on prend les précautions qui conviennent pour corriger le manque ou l'excès de température dans la cuve, l'opération du remontage du moût permet de donner à la vinification son maximum de rapidité tout en épuisant le marc aussi complètement que possible en matières tannoïdes et autres éléments.

(1) *Progrès agricole et viticole*, 30 septembre 1906.

Cuvage avec suppression du foulage. — Cette méthode de cuvage est encore utilisée quelquefois dans certaines régions telles que le Médoc ou les Côtes du Rhône par exemple. En Médoc, le foulage est cependant partiel, car les raisins sont soigneusement égrappés à la claie, et l'on peut admettre qu'il a lieu dans une proportion d'un tiers à un quart au moins, ce qui suffit pour mettre en liberté un volume de moût capable de noyer, après la mise en cuve, le reste des grains plus ou moins écrasés. La fermentation est plus lente qu'avec un foulage complet, car elle est tributaire de la diffusion du sucre à travers la pellicule d'un grand nombre de grains ou à travers les cellules de leur pulpe incomplètement déchirées. Le chapeau se forme cependant par poussée du gaz carbonique qui détermine en outre l'aplatissement des grains, ayant perdu la plus grande partie de leur résistance, et la vidange de leur contenu par l'orifice du pédoncule. Il se produit donc un foulage automatique pendant la cuvaison, mais forcément incomplet; aussi, la quantité de vin de presse est-elle très supérieure à la moyenne. Dans ces conditions, la couleur du vin fin subit un déficit, surtout si le vin de presse est complètement mis à part, ce qui n'a lieu que dans des cas exceptionnels.

Donc, en se basant sur ce fait, on peut dire, avec bien des personnes, que le foulage de la vendange fait augmenter la couleur du vin. En Médoc, ce mode de cuvage paraît être né du désir de supprimer un des inconvénients de la macération, qui est l'obtention dans certaines années des vins trop chargés en matières tannoïdes et par conséquent manquant de finesse. Il semble que le moyen le plus rationnel de supprimer cet inconvénient serait de supprimer la macération elle-même, mais, ici encore, on trouve en pratique des raisons plus ou moins spécieuses pour ne pas modifier les habitudes prises, souvent routinières.

Du rôle des matières tannoïdes dans la conservation des vins. — La durée de la conservation des vins est très variable; elle dépend d'abord des circonstances diverses qui forcent à le livrer plus ou moins vite à la consommation et ensuite de sa constitution qui permet un vieillissement plus ou moins avancé.

Les matières tannoïdes jouent un rôle assez important dans cette conservation et en l'étudiant nous le scinderons de la manière suivante : 1° influence sur les maladies microbiennes du vin ou pouvoir antiseptique, 2° influence sur la clarification du vin, 3° influence sur l'usure due au vieillissement.

Pouvoir antiseptique. — On sait que les tanins se combinent très facilement aux matières albuminoïdes et que cette combinaison est beaucoup moins altérable que la matière albuminoïde sous sa forme primitive. Le tanin est donc un antiseptique dans une certaine mesure, et de là vient sans doute, en grande partie, l'opinion très répandue que les matières astringentes du vin sont favorables à sa conservation. Cependant, si on songe à la facilité avec laquelle les vins blancs secs se conservent avec des traces de tanin seulement, même quand on ne leur donne pas plus d'acide sulfureux qu'aux rouges, tandis que ceux-ci, beaucoup plus riches en matières tannoïdes, sont sujets à un plus grand nombre d'altérations, on trouve immédiatement une contradiction qui porte déjà atteinte à la réputation de ces matières tannoïdes, au moins en tant qu'agents antiseptiques. Or, des réserves réelles et sérieuses s'imposent à ce point de vue, d'après les résultats que j'ai obtenus en étudiant le ferment de la tourne (1). Cultivé à l'état

(1) *Revue de viticulture*, t. XV, p. 201.

pur dans un même vin rouge, très riche en matières tannoïdes qui avaient été diminuées plus ou moins par le collage, il a permis d'obtenir les chiffres suivants au bout de huit mois :

Matières tannoïdes par litre	Acidité volatile produite par litre
$7^{gr},20$	$0^{gr},99$
$6^{gr},00$	$1^{gr},12$
$4^{gr},00$	$1^{gr},35$
$3^{gr},00$	$1^{gr},35$
$2^{gr},00$	$1^{gr},35$

On voit que c'est seulement à partir de 6 grammes par litre que les matières astringentes du vin commencent à gêner un peu le développement du microbe de la tourne, et leur influence est encore bien faible même à la dose énorme de 7 gr. 20 par litre.

C'est ce que démontre également l'analyse sommaire des deux vins suivants, récoltés dans la Gironde en 1899 et 1900 :

	1899	1900
Alcool	$12^{o},5$	$11^{o},1$
Acidité totale	$5^{gr},0$	$4^{gr},20$
Acidité volatile	$1^{gr},54$	$1^{gr},20$
Matières tannoïdes	$7^{gr},20$	$7^{gr},75$

Le vin de 1899 est celui qui avait servi aux essais précédents, et l'on voit, d'après sa richesse en acidité volatile, que, malgré sa constitution très robuste qui n'avait pas été modifiée dans ce cas, le ferment de la tourne l'avait déjà fortement altéré en moins d'un an de conservation. On peut en dire autant de l'autre vin qui contenait une proportion encore plus exagérée de matières tannoïdes.

Ces proportions étaient absolument anormales pour les vins de la Gironde, car ces vins ne dépassent guère 4 à 5 grammes par litre en nouveau ; elles étaient dues à l'influence de la chaleur et de la sécheresse de ces deux années jointes à de fortes invasions d'*Eudemis botrana* qui avaient déterminé une véritable concentration naturelle de la vendange.

Au lieu de favoriser la conservation de ces vins, ces doses si élevées de matières taniques ont été plutôt cause de leur altération en gênant l'action des levures qui devaient faire disparaître les petites quantités de sucre restant et favorisant par suite celle des nombreux germes d'altération apportés par la vendange dans ce cas. Ce fait a été démontré par une expérience de laboratoire que je vais rappeler :

« Une certaine quantité du vin qui avait servi dans les derniers essais a été concentrée par évaporation au bain-marie, à la moitié de son volume ; puis ce liquide a été mélangé, en proportions variables, avec du moût de raisins blancs réduit également, par évaporation, à la moitié de son volume. Après avoir ramené l'acidité de tous les liquides à 3 gr. 5 par litre, on les a ensemencés, après stérilisation, avec les levures et des microbes de la tourne. Après la disparition complète du sucre, l'analyse a donné les résultats suivants :

Tanin par litre	Acidité volatile, par litre
$3^{gr},00$	$1^{gr},00$
$4^{gr},00$	$1^{gr},43$
$5^{gr},00$	$1^{gr},82$
$6^{gr},00$	$1^{gr},80$
$7^{gr},20$	$2^{gr},75$

« On voit que, loin d'avoir une influence gênante, le tanin du vin paraît favoriser, au contraire, la vie des microbes ; cette apparence s'explique par l'action du tanin sur la levure et non pas sur les microbes. »

Donc, dans de pareilles conditions, non seulement un égrappage complet de la vendange s'impose, mais il serait aussi très utile de procéder à un pressurage partiel de cette vendange, avant la mise en cuve, pour éliminer une certaine proportion du marc et obtenir ainsi un vin mieux équilibré dans sa dose de matières tannoïdes.

Le gallotanin, que l'on emploie souvent en œnotechnie, a un pouvoir antiseptique un peu supérieur à celui des matières tannoïdes du vin, mais comme il ne peut être employé qu'à doses très faibles à cause de son astringence excessive, son influence conservatrice reste également très modérée.

D'après ce qui précède, la diminution de la quantité de tanin contenu dans le vin, qui est la conséquence de l'égrappage, ne peut avoir beaucoup d'action sur le développement des ferments de maladie. Au contraire, des expériences en cours semblent devoir me démontrer que la rafle introduit dans le vin des éléments capables de diminuer quelquefois sa résistance à la maladie. Mais cette résistance dépend surtout de la virulence plus ou moins grande des races diverses de ces organismes dont la première invasion a lieu dans la cuve même, sans que nous connaissions aucune des circonstances qui sont propices aux unes ou aux autres. Toutefois, les faits rapportés ci-dessus montrent que les matières tannoïdes du vin ne peuvent gêner sérieusement que les moins actives. Il serait par conséquent dangereux pour la conservation du vin de trop compter sur l'influence conservatrice de ces tanins en négligeant, par exemple, les moyens hygiéniques ou curatifs que l'on doit employer couramment ou exceptionnellement pour combattre les maladies des vins.

Clarification du vin. — Dans la clarification spontanée des vins blancs ou rouges, les matières tannoïdes ont une influence qui a été déjà signalée et qui est surtout importante pour les vins blancs.

Le mode de préparation de ceux-ci les laisse souvent trop pauvres en œnotanin pour qu'ils puissent se clarifier rapidement et, à ce point de vue, les bons effets du tanisage sont bien connus. Cependant cette addition n'est pas toujours tout à fait favorable à la qualité des vins fins : on pourrait assez facilement l'éviter dans bien des cas en ayant soin de ne pas écarter du moût les pépins qui se séparent du marc pendant le foulage précédant le pressurage de la vendange ; il serait même toujours très avantageux d'augmenter le plus possible la quantité des pépins qui doit macérer dans le vin.

Il est rare que les vins atteignent par clarification spontanée le degré de limpidité qu'on leur demande quelquefois au bout d'un temps de conservation relativement court. C'est par le collage, généralement, que l'on complète cette clarification spontanée, et le mécanisme de ce traitement, qui est bien connu, est intimement lié à la présence des matières tannoïdes. Mais, à part la question de clarification, le collage a souvent pour but de dépouiller le vin d'un excès de matières astringentes afin d'obtenir un assouplissement plus rapide de ses qualités gustatives. C'est le cas des vins tels que ceux des expériences ci-dessus qui étaient absolument imbuvables, même après une longue conservation en barrique ; ainsi, l'un de ces vins que j'avais récolté moi-même n'a pu être mis en bouteilles qu'au bout de quatre ans, après deux collages faits chaque fois à la dose de 200 grammes de gélatine par barrique.

On sait qu'un gramme de matière albuminoïde précipite approximativement le même poids de tanin ; ces collages à doses massives n'avaient donc, en somme, enlevé que deux grammes environ de matières tannoïdes par litre, de sorte que la proportion qui restait dans le vin était encore très supérieure à la moyenne. Avec les vins légers, au contraire, les collages doivent être aussi peu nombreux et aussi modérés que possible pour réduire au minimum la perte de couleur et d'œnotanin qu'ils occasionnent.

Ces deux matières qui sont l'une par rapport à l'autre en proportion variable dans les vins rouges ne paraissent pas jouer absolument le même rôle dans le collage. La matière colorante pure est certainement moins énergique que l'œnotanin pour coaguler les matières albuminoïdes, ainsi que j'ai pu le vérifier avec celle que j'avais préparée en partant des pellicules vertes. C'est ce qui explique d'ailleurs les insuccès assez fréquents qui se produisent dans le collage des vins manquant de tanin ; les vins de vendange égrappée très mûre, par exemple, peuvent présenter cet inconvénient s'ils ont subi déjà plusieurs collages ; donc à ce point de vue, l'égrappage serait quelque peu défavorable. Mais quand il n'est pas très parfait, comme avec les procédés mécaniques, et que l'on a bien soin de mettre en cuve la totalité des pépins, il est rare que le manque d'œnotanin se fasse réellement sentir et que l'on soit obligé d'y suppléer par une addition de gallotanin.

Enfin, le collage est encore employé quand il s'agit d'éclaircir la couleur des vins blancs qui est due à de l'œnotanin plus ou moins oxydé. Dans certaines années très chaudes les pellicules des raisins blancs prennent une couleur dorée trop accentuée, ou bien, dans le cas contraire, les raisins étant pourris et le vin riche en oxydase, l'œnotanin s'oxyde à l'air, si le vin ne contient pas d'acide sulfureux, et la couleur passe au jaune brun qui est celle des vins cassés. Un collage énergique permet de supprimer en grande partie ces colorations anormales et le procédé qui convient le mieux est le collage au lait aux doses de 1 à 2 litres par barrique, quelquefois plus, suivant le degré d'éclaircissement que l'on veut obtenir, et que l'on conserve ensuite par le soufrage.

Vieillissement du vin. — A côté de la question de résistance du vin à la maladie, il y a à considérer la résistance à l'usure due au vieillissement normal qui est souvent confondue avec la première en pratique. Avant de vieillir réellement, le vin passe par une période de maturation qui est un commencement d'amélioration résultant de phénomènes nombreux dont un des principaux est l'action de l'oxygène de l'air. Cette oxydation du vin provoque d'abord un dépouillement partiel en matière colorante dans lequel le fer et les matières albuminoïdes prennent part plus ou moins. Après ces premières précipitations la couleur du vin acquiert plus de vivacité et plus de fixité ; mais l'oxydation continue à lui faire subir ses effets entraînant les modifications décrites par Pasteur, jaunissement et insolubilisation, d'autant plus vite que l'aération et la lumière sont plus intenses. On sait que la nécessité de modérer cette influence fatale de l'oxygène de l'air est une des raisons principales de la mise en bouteilles du vin à partir d'un certain âge. Dans ce nouveau mode de logement, l'oxydation, et par suite l'usure, est d'autant plus lente que le mode de bouchage des bouteilles et leur conservation à l'abri de la lumière sont plus parfaits ; mais, cette usure plus ou moins rapide dépend aussi de la provision de matières tannoïdes que contient le vin et qui constitue une sorte d'écran modérant l'attaque d'autres éléments par l'oxygène de l'air.

En pratique, il est parfaitement établi que les vins astringents, *durs*, riches par conséquent en matières tannoïdes, mettent longtemps à acquérir toutes leurs qualités en bouteilles, mais qu'ils les conservent ensuite beaucoup plus longtemps que les vins qui sont moelleux, souples, au moment de la mise en bouteilles, et qui deviennent très vite bons pour la consommation. Ces considérations montrent que les propriétés conservatrices attribuées aux tanins du vin d'une manière générale s'expliquent plutôt par leur influence sur l'usure normale du vieillissement que par leur influence antiseptique.

Le dépouillement du vin en couleur et œnotanin aurait lieu d'après une réaction très simple suivant la conception de Pasteur qui l'attribuait à la seule fixation d'oxygène amenant la précipitation plus ou moins rapide de ces matières astringentes.

Duclaux a cependant observé une production de gaz carbonique qui indiquerait une oxydation beaucoup plus profonde, voisine d'une véritable combustion.

Des recherches plus récentes, dues à M. Trillat, notamment, tendent à donner au phénomène moins de simplicité encore, comme nous le verrons bientôt.

Modifications normales des matières tannoïdes. — Les expériences de Pasteur ont établi clairement le lien qui existe entre le contact de l'air et la précipitation de la couleur du vin. Comme le vin absorbe très facilement l'oxygène de l'air, il paraît tout à fait logique d'admettre que l'oxydation de la matière colorante est la cause de son changement de teinte suivi de son insolubilisation. Duclaux, comme nous l'avons déjà vu, a précisé cette influence de l'oxydation en opérant sur de la matière colorante séparée de la plupart des autres matériaux du vin. Dans le dernier volume de sa *Microbiologie*, il a ajouté à cette manière de voir une conception nouvelle en reliant le phénomène chimique à un phénomène physique, celui de la coagulation. Ce dernier étant plus lent que le premier, la matière colorante, qui est un corps colloïde, ayant absorbé une certaine quantité d'oxygène, pourra s'insolubiliser par la suite sans qu'il y ait absorption supplémentaire d'oxygène.

Ces faits et ces théories s'adressent à la matière colorante du vin en général, il n'est pas question de l'œnotanin dont la présence a été à peu près complètement passée sous silence, parce que les renseignements que l'on avait sur son existence étaient négligeables. Plus tard, M. A. Gautier (1), Ferdinand Jean (2) et d'autres expérimentateurs ont bien essayé de séparer les deux produits, mais leurs propriétés si voisines et leur altérabilité ne permettent pas de s'arrêter aux méthodes indiquées, qui n'ont eu, d'ailleurs, aucune conséquence intéressante.

Quand un vin s'est complètement dépouillé de sa couleur au contact de l'air, on constate qu'il ne contient plus que des traces de matières tanniques. L'œnotanin a donc disparu en même temps que la matière colorante et l'on peut supposer que celle-ci, peut-être plus sensible à l'air, a entraîné l'autre, à cause justement des propriétés colloïdes de la couleur et probablement aussi de l'œnotanin. L'œnotanin serait entraîné par le dépôt de la couleur comme celle-ci l'est elle-même par le précipité de tannate d'albumine dans le collage.

Cette hypothèse, assez vraisemblable, n'est cependant pas permise, car le rôle de chacun des deux composants des matières tannoïdes du vin rouge dans ces phénomènes d'oxydation et de coagulation est encore très peu connu.

(1) *Bulletin de la Société Chimique*, t. XXVII, p. 496.
(2) *Comptes rendus Acad. des Sciences*, 1888.

Pour le moment, nous ne chercherons pas à éclaircir cette question ; nous considérerons toujours les deux corps en bloc, comme l'a fait encore récemment M. Trillat dans ses recherches sur le mécanisme intime de leur précipitation.

Recherches de M. Trillat (1). — « Ayant découvert, en 1891, l'action de la formaldéhyde sur la couleur rouge des vins dans laquelle il se forme une laque insoluble, et M. Martinand (2) ayant trouvé en 1898 que d'autres aldéhydes de la série grasse, l'aldéhyde acétique notamment, provoquent une action analogue, M. Trillat s'est demandé si les dépôts normaux du vin dus à l'oxydation ne proviendraient pas, pour une partie, de la combinaison de la matière colorante avec l'aldéhyde acétique qui résulte de l'oxydation de l'alcool du vin. Il a étudié, d'une façon plus précise, ce rôle prévu, mais encore mal défini, de l'aldéhyde acétique, en établissant par de nombreuses expériences la part qu'on peut définitivement lui attribuer dans les modifications du vin, telles que la précipitation, le vieillissement et les altérations ».

M. Trillat a vu que la rapidité de précipitation de la matière colorante croît avec la dose d'aldéhyde ; ainsi avec 0 gr. 200 par litre on a un dépôt au bout de huit heures, tandis qu'une dose dix fois plus faible n'agit qu'au bout de quatre-vingt-dix jours. La quantité d'aldéhyde nécessaire pour provoquer un précipité au bout d'un temps donné varie avec la nature du vin, et le dépôt apparaît d'autant plus rapidement que les proportions d'alcool, d'acidité, de sucre et de glycérine sont plus petites. Dans cette action de l'aldéhyde, le contact de l'air est absolument inutile, car elle se produit aussi bien dans le vide ou dans un gaz inerte, gaz carbonique ou hydrogène, que dans l'air. La présence de l'aldéhyde dans les dépôts naturels ou artificiels peut être démontrée en régénérant des traces d'aldéhyde par distillation en présence d'eau acidulée par l'acide phosphorique.

L'acétal, ou combinaison de l'aldéhyde et de l'alcool, joue le même rôle que l'aldéhyde libre.

Enfin, M. Trillat explique l'action précipitante de l'aldéhyde formique, par exemple, par la soudure du résidu méthylénique CH^2 avec les noyaux aromatiques de la matière colorante, et démontre expérimentalement cette conclusion en observant une légère augmentation de l'extrait d'un vin aldéhydifié par rapport à un témoin. Cette augmentation ne peut être que très faible, étant donné le faible poids moléculaire de l'aldéhyde vis-à-vis de celui de la matière colorante.

M. Trillat a donc le droit d'admettre que l'aldéhydification du vin par oxydation de l'alcool peut être la cause *partielle* de la formation des dépôts de matière colorante pendant le vieillissement du vin. On sait que, même en bouteille, l'action de l'oxygène de l'air se poursuit, car le bouchon permet une diffusion lente mais certaine de ce gaz dans le vin.

Cette cause partielle ajoute donc son influence à l'action directe de l'oxygène de l'air, cette dernière restant, comme je le démontrerai plus loin, le phénomène fondamental auquel est liée la précipitation des matières tannoïdes du vin.

Recherches personnelles. — Je vais essayer maintenant d'établir les différences qui existent entre les deux constituants des matières tannoïdes au point de vue des deux actions qui viennent d'être considérées, l'oxydation directe et l'aldéhydification.

(1) L'aldéhyde acétique dans le vin : son origine et ses effets. (*Annales de l'Institut Pasteur*, t. XXII, novembre 1908.)

(2) *Revue de Viticulture*, t. IX, p. 306.

Pour étudier et comparer les propriétés particulières des deux produits, il faut d'abord obtenir des solutions où chacun d'eux sera seul. Pour l'œnotanin, on fait une infusion dans l'eau alcoolisée des parties solides des raisins verts, on l'évapore ensuite au bain-marie, ou mieux dans le vide, et le résidu, redissous dans l'eau chaude, contient l'œnotanin séparé de la chlorophylle, des résines, etc. ; cette solution est alors suffisamment pure pour les essais à faire.

Quant à la matière colorante, il est, comme on sait, impossible de l'obtenir sans mélange avec l'œnotanin en faisant infuser les pellicules de raisins rouges mûrs, mais il est facile de transformer l'œnotanin en couleur par le traitement à l'acide chlorhydrique à 120° ; on peut s'adresser aussi aux pellicules de raisins verts en les traitant de la même manière.

Une addition de 25 % d'alcool rend la matière colorante plus soluble ; le contraire a lieu si on sature l'acide par un alcali ; il faut alors diluer la solution alcoolisée si on veut éviter qu'elle précipite trop.

Action des oxydants énergiques. — L'acide azotique ne donne pas de différence bien sensible ; il y a jaunissement, puis insolubilisation un peu plus rapide avec l'œnotanin.

L'eau oxygénée en milieu neutre ou contenant des acides organiques se borne à décolorer les solutions aqueuses étendues, mais si ces solutions contiennent un peu d'acide chlorhydrique la décoloration est suivie d'une coagulation rapide dans les deux cas.

Le permanganate, agissant sur les solutions légèrement chlorhydriques, établit une différence très nette entre l'œnotanin et la matière colorante ; la première de ces solutions est instantanément précipitée, tandis que la dernière est simplement décolorée, puis jaunie.

Aldéhydification. — L'action des aldéhydes formique ou acétique est toujours assez lente avec les solutions ne contenant pas d'acide chlorhydrique. La présence de cet acide active considérablement la précipitation des deux matières ; à chaud, l'effet est instantané avec l'aldéhyde formique qui agit presque aussi bien sur les deux solutions, tandis que l'aldéhyde acétique agit mieux sur l'œnotanin. La présence de l'alcool atténue l'influence accélératrice de l'acide chlorhydrique et accentue en même temps les différences que présentent les deux matières tannoïdes.

Action de l'acide chlorhydrique. — En proportion un peu forte, 5 % par exemple, l'acide chlorhydrique détermine, à froid, une précipitation abondante de l'œnotanin en solution, tandis que la matière colorante reste parfaitement dissoute dans les mêmes conditions.

Aussi, quand on traite un vin jeune par une quantité assez forte d'acide chlorhydrique comme le faisait Erdmann, le précipité, au lieu de constituer une matière colorante spéciale, est tout simplement de l'œnotanin imprégné de matière colorante. On peut démontrer ce fait en établissant que le rapport du tanin à la matière colorante n'est plus le même, dans le liquide acide filtré, que dans le vin primitif. Pour cela, on concentre le vin à la moitié de son volume, on ajoute 20 % d'acide chlorhydrique et on filtre. En déterminant alors, par une méthode (1) que je donnerai plus loin en détail, le rapport de la matière colorante à l'œnotanin que présente le vin primitif et le rapport du vin acidifié et filtré, on trouve par exemple que le premier rapport est de $\frac{1}{2}$ et le second de $\frac{1}{1}$, c'est-à-dire

(1) Elle est basée sur la transformation de l'œnotanin en matière colorante par l'action de l'acide chlorhydrique à 120°.

que dans le vin primitif il y a deux fois plus de tanin que de matière colorante, alors que dans le vin acidifié les deux matières sont en quantité égale. Donc l'acide chlorhydrique a déterminé une précipitation ou coagulation plus abondante pour l'œnotanin que pour la matière colorante, cette dernière ayant été simplement entraînée par imprégnation du précipité.

Action de l'air pendant le vieillissement du vin. — Cette méthode de recherche appliquée à l'étude de l'action de l'air sur les matières tannoïdes pendant le vieillissement va nous conduire à d'autres faits nouveaux. En déterminant, pour quelques vins jeunes, la quantité totale des matières tannoïdes et le rapport de la matière colorante à l'œnotanin, on a trouvé les chiffres suivants :

Nature des vins	Matières tannoïdes totales	Rapport de la matière colorante à l'œnotanin
—	—	—
	gr.	
Château-Carbonnieux 1906	2,00	1 : 2,3
Léognan 1907 (vendange égrappée)	4,63	1 : 1,5
Léognan 1907 (vendange entière)	5,88	1 : 2,2
Château-Lagrange 1908	4,55	1 : 2,3
Château-Morin 1908	4,04	1 : 1,5
Eysines 1908	3,40	1 : 2,2
Ile d'Arcins 1908	4,25	1 : 2,3
Bas-Médoc 1908	3,95	1 : 0,8

En général, dans les vins nouveaux, il y a deux fois plus de tanin que de matière colorante ; le vin de Bas-Médoc constitue une exception curieuse sur laquelle j'aurai l'occasion de revenir.

Ce rapport se modifie assez facilement pendant que le vin se dépouille d'une partie de ses matières tannoïdes sous les influences diverses qui interviennent. Ainsi, deux de ces vins étant restés dans une bouteille en vidange, à la température du laboratoire, pendant un peu plus de six mois, l'un s'étant conservé sans altération tandis que l'autre s'était complètement aigri, on a trouvé à ce moment les résultats ci-dessous :

	Matières tannoïdes	Rapport
	—	—
	gr.	
Léognan 1906 non altéré	2,15	1 : 1,8
Médoc 1908 aigri	3,51	1 : 1

Le rapport matière colorante à œnotanin, primitivement le même dans ces deux vins, a augmenté considérablement dans les conditions de l'expérience où le mycoderma aceti paraît avoir eu une influence particulière ; donc la perte en matières tannoïdes a porté plus sur l'œnotanin que sur la couleur.

Ce même résultat se dégage des chiffres du tableau suivant relatif à des vins de 1905 pasteurisés en nouveau dans des bouteilles qui furent maintenues debout, au laboratoire, pendant une grande partie du temps de leur conservation. On sait que cette position des bouteilles facilite l'aération du vin et favorise par suite son dépouillement en matières tannoïdes :

Vins de 1905		Matières tannoïdes totales — Au début	Matières tannoïdes totales — Actuellement	Rapport actuel de la couleur à l'œnotanin
—		—	—	—
		gr.	gr.	
N° 1	Vendange égrappée	2,96	1,36	1 : 1,2
	— entière	3,80	1,45	1 : 1,0
N° 2	Vendange égrappée	3,28	1,50	1 : 1,1
	— entière	3,85	1,38	1 : 0,8
N° 3	Vendange égrappée	2,68	1,06	1 : 1,0
	— entière	3,80	1,17	1 : 1,0

Ces vins avaient donc perdu une très forte proportion de leurs matières tannoïdes du début et la différence assez grande qui existait alors entre ceux de vendange égrappée et ceux de vendange entière avait presque complètement disparu. Dans les vins primitifs, les rapports étaient, sans aucun doute, analogues à ceux obtenus avec les vins jeunes examinés plus haut et plus faibles pour les vins de vendange entière que pour les autres.

La précipitation de l'œnotanin, plus abondante que celle de la couleur, a ramené actuellement le rapport au voisinage de l'unité ; il semble donc qu'à partir d'un certain moment les deux matières forment un mélange homogène, une sorte de combinaison, puisque les deux composants se précipitent ensuite à parties égales.

Comme contrôle du fait que l'œnotanin se précipite plus abondamment que la couleur au début, j'indiquerai le résultat suivant obtenu avec les premières lies d'un vin de 1908 : Ces lies, lavées à l'eau alcoolisée et acidifiée par l'acide chlorhydrique, ont donné, comme on l'obtient d'habitude, dans ces conditions, une solution fortement colorée qui contenait à la fois de la matière colorante et de l'œnotanin, dans le rapport de 1 à 1,2 ; les deux corps étaient donc en proportions très voisines l'une de l'autre. Mais si l'opération avait épuisé la lie en matière colorante, il était resté une grande quantité d'œnotanin non dissous, car le résidu insoluble et très peu coloré ayant été mis en suspension dans l'eau chlorhydrique pour être porté à l'autoclave à 120°, fournit, après ce traitement, un liquide extraordinairement riche en couleur, laquelle ne pouvait provenir que de l'œnotanin insoluble. Donc, cette lie contenait beaucoup plus d'œnotanin que de matière colorante, et tandis que cette dernière était à peu près complètement soluble dans l'eau alcoolisée et acidifiée, la plus grande partie de l'œnotanin était insoluble dans le réactif.

Oxydation et aldéhydification dans le vin. — Nous savons que l'insolubilisation des matières tannoïdes peut être attribuée à deux actions chimiques, l'oxydation directe et l'aldéhydification, mais il est probable qu'elles n'ont pas toutes les deux la même importance. Pour essayer de déterminer celle qui prédomine, j'ai fait l'expérience suivante :

Dans un ballon de 1 litre environ de capacité, ont été introduits 500 centimètres cubes de vin jeune privé de ses gaz par le vide ; puis ce ballon, fermé convenablement, a été exposé à la lumière et agité souvent pendant six jours. Au bout de ce temps, on a mesuré l'absorption d'oxygène qui s'était produite aux dépens de l'atmosphère confinée avec le vin dans le ballon, puis on a dosé l'aldéhyde existant dans ce vin aéré et dans le vin primitif conservé à l'abri de l'air ; les deux vins ont été aussi examinés au colorimètre Salleron. Le tableau suivant indique toutes les observations qui ont été faites ; les résultats étant rapportés à 1 litre :

	Vin primitif	Vain éré
Oxygène absorbé....	?	66°
Aldéhyde...........	traces	0,025
Colorimètre.........	5°V R,220	Couleur tuilée terne
Limpidité..........	parfaite	parfaite

Dans leur aspect, les deux vins ne différaient donc que par la teinte de la matière colorante. Normale pour le vin primitif, cette teinte s'était considérablement modifiée après aération ; le jaunissement de la couleur et la perte de son éclat étaient bien l'indice d'une oxydation importante que l'absorption par le vin d'un assez grand volume d'oxygène confirmait.

On voit que cette absorption d'oxygène avait fait apparaître une petite quantité d'aldéhyde qui n'existait pas dans le vin primitif. Comme aucun dépôt ne s'était produit dans le vin, cette aldéhyde était vraisemblablement à l'état libre. D'ailleurs, le dosage, dans les deux cas, avait été fait après distillation du vin en présence d'acide phosphorique, comme le recommande M. Trillat.

Une si petite proportion d'aldéhyde ne pouvait avoir une influence bien sensible sur la limpidité du vin. En admettant même que tout l'oxygène absorbé eût servi à former de l'aldéhyde, la dose aurait été de 0 gr. 266 par litre, et, malgré cela, insuffisante pour provoquer une précipitation dans ce vin, car le vin primitif en ayant reçu 0 gr. 500 par litre n'avait donné aucun trouble, même dix jours après.

Par conséquent, pour ce vin, l'action de l'air avait produit une aldéhydification certainement nulle des matières tannoïdes, tandis que leur oxydation avait été très marquée. Aucune précipitation ne s'était produite pendant la durée de l'expérience, parce que la coagulation est toujours plus lente que l'oxydation quand on a affaire à des vins normaux. Mais l'aspect terne de la couleur tuilée était l'indice d'une coagulation en marche et dans laquelle l'aldéhydification ne paraissait devoir jouer qu'un rôle très secondaire. Dans des expériences bien antérieures où j'étudiais l'absorption d'oxygène par des vins normaux également et dont je parlerai plus loin, j'ai obtenu les mêmes résultats alors que le volume d'oxygène combiné dans le même temps était deux ou trois fois plus grand.

Je ne considère donc pas ici la formation des précipités qui se produisent tout à fait au début du dépouillement des vins nouveaux parfaitement sains ; ces dépôts doivent, en effet, être rattachés aux altérations accidentelles de la matière colorante qui seront étudiées bientôt. De sorte que, lorsque la limpidité du vin s'est fixée après les premiers soutirages, l'action de l'air pendant le vieillissement ultérieur provoque une oxydation des matières tannoïdes qui doit être toujours considérée comme étant la cause la plus importante de leur insolubilisation. L'aldéhyde formée pendant ce temps vient naturellement ajouter son influence coagulante en se combinant à ces matières tannoïdes, ainsi que M. Trillat paraît l'avoir bien démontré.

Cette démonstration m'a paru cependant avoir besoin d'être confirmée en opérant dans les conditions plus rigoureuses que présenterait une solution de matières tannoïdes séparées des autres éléments fixes du vin, telle que permet de l'obtenir la méthode suivante :

On traite un litre de vin étendu de son volume d'eau par 25 grammes d'acétate d'ammoniaque et 250 centimètres cubes de liqueur acéto-ammoniaco-mercurique à 12 gr. 5 d'oxyde de mercure par litre ; puis, le précipité filtré et lavé est rassemblé au fond du filtre par un jet d'eau chaude. La partie libre du filtre étant enlevée, le reste, supportant le précipité, est introduit dans un vase avec 250 centimètres cubes d'alcool à 90° contenant la quantité d'acide chlorhydrique nécessaire pour décomposer le précipité en mettant en liberté les matières tannoïdes et transformant l'oxyde de mercure en chlorure, lequel se trouve être en très grande partie du protochlorure insoluble. Après battage énergique du magma et filtration, on fait passer dans le liquide filtré un courant d'hydrogène sulfuré qui précipite le mercure à l'état de sulfure en mettant en liberté un peu d'acide chlorhydrique, nullement gênant pour les expériences ultérieures (1).

(1) On peut éliminer cet acide chlorhydrique en ajoutant de l'oxyde d'argent récemment précipité.

Après filtration, la solution étendue à 500 centimètres cubes avec de l'eau est deux fois plus concentrée que le vin primitif en matières tannoïdes et présente par suite une couleur rouge très intense.

C'est avec une pareille solution que furent faits les essais suivants sur des prises de 50 centimètres cubes étendues de leur volume d'eau et portées à l'ébullition jusqu'à disparition de l'alcool entraînant l'hydrogène sulfuré en excès. Ces prises furent traitées comme suit : 1° par 5 centimètres cubes d'eau oxygénée à 10 volumes environ ; 2° par 1 gramme d'aldéhyde acétique ; 3° par 1 gramme d'aldéhyde formique. Une quatrième prise devant servir de témoin fut évaporée dans une capsule de platine que l'on plaça ensuite à l'étuve à 100° pendant plusieurs heures.

L'eau oxygénée et les aldéhydes ayant été introduites dans les prises d'essai correspondantes, encore chaudes, un précipité abondant se forma très rapidement et le liquide, étendu à 200 centimètres cubes, fut laissé au repos pendant vingt-quatre heures. Au bout de ce temps, la précipitation était complète ; le liquide surnageant n'avait qu'une légère coloration ambrée. Le précipité était brun noirâtre avec l'eau oxygénée, rouge brun avec l'aldéhyde acétique et rouge vif avec l'aldéhyde formique. Il y a donc une différence très nette dans l'action des deux aldéhydes ; la première semble agir comme un oxydant sur la teinte de la couleur, et la seconde comme un réducteur, car dans ce dernier cas la teinte du précipité était d'un rouge plus clair que celle de la solution qui possédait une couleur rouge un peu jaune.

Ces précipités furent ensuite filtrés et lavés, et comme ils étaient sous forme caillebotée non adhérente au papier, il fut facile de les détacher par un jet d'eau chaude pour les faire tomber, après avoir percé le filtre, dans une capsule de platine.

L'extrait obtenu dans l'essai témoin, après son séjour à l'étuve, contenait la matière colorante et l'œnotanin devenus complètement insolubles dans l'eau et pouvait par suite être lavé pour en éliminer les traces de matières solubles qu'il pouvait contenir et qui auraient entaché d'erreur le poids des matières tannoïdes.

Après lavage sur filtre et retour du précipité dans la capsule à l'aide d'un jet d'eau chaude, puis évaporation de l'eau au bain-marie en même temps que pour les trois autres essais, les quatre capsules furent placées à l'étuve à 100° où elles séjournèrent pendant le même temps. La pesée des précipités donna ensuite les chiffres suivants :

Nature des essais	Poids des précipités	Excédents sur le témoin
	gr.	
Témoin	0,310	»
Eau oxygénée	0,330	0,020
Aldéhyde acétique	0,322	0,012
— formique	0,344	0,034

Comparés au témoin, les trois autres essais ont donné des augmentations de poids du précipité assez sensibles qui ne peuvent être attribuées qu'à une fixation d'oxygène ou d'aldéhyde. Les différences sont même des minima pour deux raisons : 1° le précipité témoin a lui-même absorbé un peu d'oxygène pendant sa dessiccation à l'air ; 2° le chauffage des précipités aldéhydifiés avait dégagé de sa combinaison une partie de l'aldéhyde fixée dans le milieu primitif, et ce qui le prouve, c'est que, en faisant simplement l'extrait d'une solution chlorhydrique de matières tannoïdes dans laquelle les deux aldéhydes avaient séparément donné un précipité abondant, on a trouvé des augmentations de poids si faibles qu'elles restaient dans les limites des erreurs d'expérience.

D'après les chiffres du tableau, la combinaison de l'aldéhyde formique paraît plus stable que celle de l'aldéhyde acétique, puisque l'augmentation de poids du précipité est notablement plus grande. Rapportée au poids de matières tannoïdes, cette dernière augmentation donne une proportion de 10 % environ qui est relativement considérable.

On peut donc conclure que, dans la coagulation des matières tannoïdes du vin par l'oxygène ou les aldéhydes, il y a bien fixation de ces agents sur ces matières colloïdes, comme il y a fixation des matières albuminoïdes dans le cas du collage.

Expériences de M. Pacottet. — Dans des expériences (1) antérieures à celles qui précèdent, M. Pacottet a fait des observations qui se rattachent au même sujet et qu'il convient de rapporter ici. Il a fait des vins en faisant fermenter :

1° Du moût seul un peu rosé à l'origine ; 2° du moût avec des rafles ; 3° du moût avec des pépins ; 4° du moût avec des pellicules ; 5° de la vendange entière ; 6° de la vendange égrappée. Ces éléments étaient empruntés à des raisins du Pinot de Bourgogne, et les vins furent étudiés au mois de mars qui suivit leurs préparation.

Le n° 1 était totalement décoloré ; le n° 2 avait une jolie teinte rosé, tandis que dans le n° 3, plus coloré, la teinte était jaune marron ; les trois autres étaient rouges avec des intensités de coloration croissant comme les nombres 10, 16 et 20, le maximum étant par conséquent obtenu avec la vendange égrappée.

La sensibilité à l'aération de ces six vins était variable : pour les deux premiers, l'action de l'air n'était sensible qu'au bout de huit jours, alors que le troisième se troublait très rapidement. Le tanin de pépins paraît donc moins résistant à l'oxydation que le tanin de la rafle (on sait d'ailleurs combien les vins blancs nouveaux jaunissent facilement à l'air et se madérisent).

Le n° 4 était très peu sensible à l'oxydation, mais il était, comme on sait, moins coloré que les deux suivants ; le déficit semble être dû à l'absence des pépins et des rafles, au manque de tanin par conséquent. Cependant la couleur avait été dissoute par le vin à un moment donné, car on pouvait en extraire une certaine quantité de la lie en la traitant par une solution alcoolique acidifiée par l'acide tartrique.

Les vins n° 5 et 6 étaient peu sensibles à l'air, ils louchissaient et déposaient un peu cependant après soutirage.

Ces expériences de M. Pacottet sont les premières qui aient fait entrevoir une relation entre l'œnotanin et la couleur des vins, mais cette relation que j'ai précisée dans le cas du vieillissement du vin est ici beaucoup plus difficile à dégager complètement en raison des réactions multiples qui s'exercent pendant la fermentation et les premiers temps de la conservation du vin. La présence du tanin qui conserve la couleur du moût dans les vins n° 2 et 3 n'agit pas seulement pour protéger cette couleur de l'oxydation, mais aussi pour éviter sa précipitation par les matières albuminoïdes du moût et peut-être aussi par la levure elle-même. C'est à ces dernières influences que se rattache sans doute la différence de couleur qui existe entre les vins n° 4 et 5, et ce vin n° 4, plus pauvre en matières tannoïdes, était par suite moins sensible à l'action de l'air que le n° 5.

(1) Du rôle des pépins, des pellicules et des rafles en vinification (*Revue de viticulture*, [illegible], t. II, p. 485).

Quant à la différence de coloration entre les nos 5 et 6, elle est due à l'influence de l'égrappage qui a été envisagée précédemment.

Conclusions. — Comme conclusions générales des faits qui se rattachent aux modifications normales des matières tannoïdes du vin, on peut dire que l'action directe de l'oxygène de l'air reste le phénomène essentiel qui explique la précipitation plus ou moins rapide de ces matières dans le vin et le changement de teinte de la couleur restante, l'aldéhydification ne paraissant être pour la coagulation qu'un adjuvant en général peu important.

La présence de l'œnotanin est favorable à la conservation de la couleur, car, étant plus oxydable qu'elle, il retarde son jaunissement, mais un excès d'œnotanin est nuisible, parce que sa précipitation par oxydation entraîne au début trop de couleur.

Il faut donc qu'il existe un certain rapport entre les deux substances, et les vins dont la constitution est la mieux équilibrée à ce point de vue sont en général ceux de vendange égrappée. Avec les tendances actuelles du commerce des vins fins, qui sont de hâter le plus possible la mise en valeur de ces vins, c'est aussi ce mode de vinification qui donne les meilleurs résultats en matière de fixation de la limpidité des vins, cette limpidité étant essentiellement liée à la lenteur de la précipitation des matières tannoïdes du vin.

Coagulation anormale des matières tannoïdes. — La coagulation des matières tannoïdes, comme nous l'avons vu, est assez lente dans les conditions habituelles de la conservation des vins normaux; mais elle peut se produire très rapidement, en portant sur une partie seulement ou sur la totalité de ces matières, lorsque le vin possède une constitution spéciale qui favorise l'oxydation par l'air et l'exagère même, jusqu'à la rendre aussi brutale que celle que produisent les oxydants énergiques. Le phénomène engendre alors des altérations des vins contre lesquelles il est plus ou moins difficile de réagir. Enfin, à côté de ces altérations, en quelque sorte accidentelles, on doit ranger les altérations d'origine microbienne, car les ferments de maladie ont également une influence sur la coagulation des matières tannoïdes sans que l'on sache encore bien exactement ce qui se passe. Toutes ces causes de coagulation sont désignées sous le nom générique de *casse*, comprenant ainsi trois sortes d'altérations que nous allons étudier successivement : 1° la casse ferrique ; 2° la casse brune ou casse oxydasique ; 3° la casse microbienne.

Casse ferrique. — Sous cette appellation employée couramment en œnologie, on comprend généralement des troubles de la limpidité des vins rouges et blancs dans lesquels le fer paraît jouer un rôle important, mais qui n'est pas encore bien connu, comme nous le verrons.

Pour les vins rouges, les altérations légères de la couleur, lui donnant un aspect bleuâtre et terne et qui sont suivies d'une modification plus ou moins sensible de la limpidité, sont désignées sous le nom de *casse bleue*. Elle a été remarquée tout d'abord dans les vins d'un cépage spécial, le Jacquez.

Au contact de l'air, la couleur, d'abord normale, devient de plus en plus violacée et terne, et si la surface du liquide reste bien tranquille, on voit se former une pellicule irisée et par conséquent extrêmement mince; puis un précipité bleu noirâtre prend naissance et se dépose, mais la quantité de matières tannoïdes qui s'insolubilise ainsi n'est jamais bien considérable, malgré une aération un peu exagérée.

Une pareille modification de la couleur et de la limpidité du vin n'est pas rare pour d'autres cépages, tout en étant plus fréquente, pour des vignes jeunes greffées ou non, dans certaines années et pour certains terrains.

Le retour spontané de la limpidité du vin, par suite du dépôt complet du précipité, a lieu au bout d'un temps plus ou moins long suivant l'intensité de l'aération et la nature du vin; si cette aération a été suffisante, la couleur du vin a perdu ensuite toute sa sensibilité primitive.

La casse bleue présente encore deux caractères assez spécifiques : le premier est dans l'action de la chaleur qui fait revenir la couleur rouge et la limpidité, mais sans les fixer, car elles disparaissent assez vite après refroidissement, même si le vin est à l'abri de l'air; le second tient à l'inefficacité de l'acide sulfureux, aux doses de 25 à 50 milligrammes par litre, pour empêcher le trouble dû à l'aération, ce qui distingue la casse bleue de la casse diastasique faible.

Le vin de Jacquez étant le type des vins cassant en bleu, et son acidité étant normalement faible, M. Bouffard (1), en étudiant de très près le phénomène, a rapproché les deux faits et montré qu'il suffit d'ajouter à ce vin de l'acide tartrique pour empêcher l'altération de la couleur. Il a vu en outre que le précipité bleu noir est très riche en fer, car la proportion de ce métal dépasse 10 % quelquefois.

D'autre part, on peut, dans beaucoup de vins, provoquer la casse bleue en y laissant séjourner du fer métallique qui est attaqué par les acides du vin et se dissout en petite quantité, ou bien par l'addition directe d'un sel de protoxyde de fer. Ces sels ferreux du vin passent au contact de l'air à l'état de sels ferriques, ce qui provoque la combinaison du sesquioxyde de fer avec les matières tannoïdes, combinaison insoluble qui se précipite en produisant le trouble bleu noir de la casse bleue.

La richesse en fer du vin semble donc être en rapport avec l'altération de la couleur, et cette idée s'est trouvée fortifiée par l'influence de l'acide citrique qui est à poids égal deux fois plus énergique que l'acide tartrique pour empêcher la casse bleue, et qui constitue justement, en chimie, un antidote contre la précipitation du fer. L'addition d'acide tartrique ou mieux citrique, maintenant le sesquioxyde de fer en solution, empêcherait par suite sa combinaison insoluble avec les matières tannoïdes. La casse bleue aurait ainsi pour cause un défaut d'équilibre entre l'acidité du vin et la quantité de fer contenue dans ce vin, la première étant trop faible par rapport à la seconde.

Mais cette théorie si simple ne cadre pas bien souvent avec les faits ; les exemples suivants en sont une preuve :

ACIDITÉ TOTALE DU VIN	FER AVANT AÉRATION (a)	FER APRÈS AÉRATION (b)	DIFFÉRENCES (a-b)	MATIÈRES TANNOÏDES PRÉCIPITÉES
3gr85	0gr046	0gr033	0gr013	0gr40
3,80	0,032	0,026	0,006	0,220
3,65	0,015	0,012	0,003	0,420
4,05	0,018	0,012	0,006	0,502

L'acidité totale de ces vins était donc normale et peu différente pour chacun d'eux (2), tandis que la teneur en fer avant aération était plus variable. Si l'on

(1) Nouvelle étude sur la vinification du Jacquez. *Progrès agricole et viticole*, 1887. — Casse des vins, *Revue de Viticulture*, t. XV, p. 369.

(2) L'acidité volatile était elle-même peu variable et ne dépassait pas 0 gr. 70 par litre.

admet que la moyenne pour les vins parfaitement constitués est de 15 à 20 milligrammes par litre, seuls les deux premiers du tableau s'écartent plus ou moins de cette moyenne; et cependant, ils ne cassaient pas plus que les deux autres et surtout le dernier, le plus acide, ainsi que l'indique la quantité de matières tannoïdes précipitée après aération prolongée. On voit aussi qu'un même poids de ces matières est entraîné par des poids très différents de fer et que la proportion de ce métal contenu dans les précipités n'était au maximum que de 3 %. Cependant, en filtrant un de ces précipités et le lavant par l'eau alcoolisée, on l'a vu se dissocier en partie, et lorsque l'alcool est resté incolore, le poids du résidu était de 0 gr. 057 à l'état sec et contenait 12 milligrammes de fer, soit 20 % environ. Ce précipité primitif n'était donc pas une combinaison définie de fer et de matière tannique, mais bien, comme tous ceux qui se produisent dans ces conditions, un mélange complexe qui comprend, outre les matières tannoïdes et le fer, des matières organiques azotées et d'autres matières minérales telles que l'acide phosphorique, la chaux, etc., entraînées grâce aux propriétés colloïdes du précipité qui a pour base la matière colorante et l'œnotanin.

Le rôle de l'acidité et du fer est donc bien difficile à dégager dans les cas indiqués ci-dessus; il s'efface encore bien davantage si on considère les chiffres obtenus dans l'analyse des deux vins suivants :

		EYSINES 1909	BAS-MÉDOC 1908
		—	—
Alcool		9° 6	9° 8
Acidité totale		4gr02	4gr02
— volatile		0,60	0,70
Fer		0,012	0,016
Acide tartrique total.	En crème de tartre	4,90	5,93
Potasse totale	En crème de tartre	3,30	2,65
Acide phosphorique		0,409	0,362
Matière colorante		1,03	2,20
Œnotanin		2,37	1,75

Le vin d'Eysines était absolument stable au contact de l'air tandis que le vin de Bas-Médoc cassait fortement en bleu. Par chauffage, le trouble de ce dernier disparaissait complètement pour se reformer et augmenter après refroidissement et aération prolongée; un précipité noir assez abondant se déposait, puis la limpidité revenait peu à peu. Par une aération modérée, un collage et une addition de 50 grammes par barrique d'acide citrique, ce vin cassable avait été complètement guéri, et la proportion de fer qu'il renfermait alors était la moitié de la proportion primitive. Tous ces résultats caractérisaient donc parfaitement la casse bleue.

La richesse alcoolique, l'acidité totale et même l'acidité de ces deux vins étant très voisines, il est difficile d'admettre que la différence de 4 milligrammes par litre, entre les proportions de fer, fût la cause de l'altération. Mais, si on considère les autres résultats de l'analyse, on trouve au contraire des différences qui ont beaucoup plus d'importance.

L'acidité est sensiblement la même, mais l'acide tartrique total est plus faible dans le n° 2; celui-ci contenait donc une plus grande proportion que le n° 1 d'acides organiques autres que l'acide tartrique. En outre, la potasse totale étant en quantité plus grande dans le n° 2, il y avait aussi une plus grande quantité de sels organiques.

Parmi ces composés, on doit comprendre la combinaison partielle des matières tannoïdes avec la potasse notamment celle de la matière colorante qui existait dans le vin n° 2 en proportion anormale, puisque le rapport de la matière colorante à l'œnotanin était beaucoup plus grand que dans un vin normal, ainsi que je l'ai déjà fait remarquer précédemment. Il y avait donc là vraisemblablement une cause d'instabilité de la matière colorante qui a disparu après modification de la constitution du vin par le traitement indiqué.

Cette conclusion est d'ailleurs corroborée par des observations antérieures de M. Martinand faites sur des vins de 1904 (1); voici, par exemple, les chiffres fournis par l'analyse d'un de ces vins obtenus avec de la vendange parfaitement saine : par litre : acidité totale, 3 gr. 80; crème de tartre, 2 gr. 58; alcalinité des cendres (en crème de tartre), 4 gr. 02.

Même après ces deux chauffages à 100° qui éliminaient toute influence diastasique, ce vin cassait à l'air aussi bien qu'un témoin non chauffé, mais c'était une casse après jaunissement du vin, au lieu d'être une casse bleue. M. Martinand désigne cette altération sous le nom de casse potassique, parce qu'il trouve très importante la différence de 1 gr. 44 entre les deux chiffres de crème de tartre. Il faut remarquer cependant que cette différence n'est pas exagérée; elle est plus faible que dans le vin d'Eysines 1909, de tout à l'heure, qui ne cassait pas, et la plupart des vins rouges normaux présentent une différence de ce genre qui peut s'élever facilement à 2 grammes par litre au moins; mais quand elle atteint et dépasse 3 grammes par litre, c'est tout à fait exceptionnel.

Toutefois, ces variations n'empêchent pas d'admettre l'existence, dans les vins cassables, d'une certaine quantité de matières tannoïdes combinées à la potasse et que, à cet état, ces matières sont plus sensibles à l'oxydation qu'à l'état libre. Il semble, cependant, que la casse potassique diffère de la case bleue dite ferrique, puisque le vin jaunit au lieu de bleuir; mais il peut très bien n'y avoir là qu'une question de rapport entre la matière colorante et l'œnotanin; d'ailleurs, le traitement indiqué par M. Martinand pour la casse potassique est celui qui réussit contre la casse bleue. « Pour y remédier, dit-il, deux moyens se présentent : le premier consiste à précipiter les composés potassiques de matière colorante et de tanin avec de l'albumine ou de la gélatine, puis d'acidifier le vin pour éviter leur reproduction. Le second moyen consiste à vinifier la vendange avec une grande quantité de bisulfite de potasse. »

Ce dernier moyen est, en somme, une acidification par l'acide sulfurique déguisée, car l'acide sulfureux du bisulfite en s'oxydant donne de l'acide sulfurique qui s'empare de la potasse combinée aux matières tannoïdes. C'est là en somme, la principale cause de l'efficacité de composés sulfureux employés à la cuve pour obtenir, entre autres résultats, un vin ayant une couleur plus intense, plus vive et plus stable au contact de l'air. Sans doute, la petite quantité d'acide sulfureux qui reste dans le vin constitue un écran pour la fixation de l'oxygène sur la couleur, mais cette couleur est par elle-même plus résistante, parce qu'elle n'est pas engagée dans la combinaison potassique où l'aurait laissée une vinification sans acide sulfureux.

Casse ferrique et casse blanche des vins blancs. — Les vins blancs, comme les vins rouges, peuvent être sujets à des troubles anormaux dus à l'influence de l'air et qui intéressent l'œnotanin, sans qu'une action diastasique quelconque intervienne.

(1) *Revue de Viticulture*, t. XXIV, p. 321.

On peut trouver d'abord des cas de casse bleue ou noire qui tiennent à la présence du fer introduit accidentellement dans le vin, par exemple, le contact trop prolongé du moût ou du vin avec des objets en fer, surtout s'ils sont rouillés. L'oxydation du vin à l'air entraîné la formation du tannate ferrique noir, lequel, dans la proportion où il existe, resterait probablement soluble si d'autres influences que nous allons retrouver tout à l'heure n'agissaient pour l'insolubiliser.

A part ces cas exceptionnels de casse tanno-ferrique, l'air provoque très souvent dans les vins blancs un trouble laiteux très lent à se précipiter, en général, et qui constitue la *casse blanche* de M. Bouffard (1). Comme dans la casse bleue des vins rouges, l'acide sulfureux est inactif, l'acide tartrique presque autant; seul l'acide citrique atténue plus ou moins les effets de l'aération, ce qui semble indiquer que le fer n'est pas étranger au phénomène, comme dans la casse bleue. Mais, toujours comme dans le vin rouge, le fer n'est pas l'élément le plus important de la constitution du précipité très complexe de la casse blanche où les matières organiques sont en général la dominante à côté d'une certaine abondance d'acide phosphorique et de chaux. Or, l'acide citrique empêche également la précipitation des sels de chaux; donc on pourrait aussi bien admettre que la casse blanche est une casse calcique.

Laissant de côté ces apparences qui n'expliquent rien, j'ai poursuivi dans une voie qui m'avait été ouverte par des expériences antérieures l'étude de la casse blanche, et je suis arrivé à mieux connaître son mécanisme comme je vais le montrer :

Si on prépare un vin blanc artificiel en prenant une infusion bien limpide de levure de bière pressée (à 10 %) et la mélangeant à volume égal avec une solution d'œnotanin, acidifiée à 10 % d'acide tartrique, et ajoutant 10 % d'alcool, on a un liquide opalescent qui passe à travers le papier à filtrer sans rien perdre de son opalescence et dont l'aspect rappelle celui de beaucoup de vins blancs n'ayant que quelques mois d'existence. Cette opalescence du vin blanc blanc artificiel est tout aussi lente à disparaître sinon plus que celle des vins blancs naturels; ce n'est qu'au bout d'un long contact du liquide avec l'air qu'elle se résout, sans augmenter d'intensité, en un précipité très fin résultant de la coagulation de la combinaison du tanin avec les matières protéiques de l'eau de levure. A cette influence de l'air se rattache donc, vraisemblablement, la clarification spontanée des vins normalement constitués, et ne présentant pas, par conséquent, le défaut de ceux qui cassent en blanc, c'est-à-dire dont l'opalescence augmente beaucoup à l'air, ou dont la limpidité fait place à une opalescence, puis à un trouble plus ou moins abondant.

Cette affection peut être reproduite dans le vin blanc artificiel de la manière suivante : Après avoir filtré ce vin en présence d'un peu de talc ou de terre d'infusoires pour l'avoir immédiatement limpide, on constate que la limpidité ne change pas à la longue. Si on ajoute alors au liquide 4 à 5 centigrammes par litre de fer à l'état de sulfate de protoxyde, ni la couleur, ni la limpidité ne sont modifiées tout de suite; à peine voit-on apparaître une très légère opalescence au bout de quelque temps si on conserve ce vin artificiel complètement à l'abri de l'air. Au contraire, après quelques heures d'aération, l'opalescence croît très rapidement et donne en moins de vingt-quatre heures un précipité assez abondant.

(1) *Revue de Viticulture*, t. XV, p. 329.

Comme, dans les mêmes conditions, le liquide non additionné de fer ne change pas, il semble bien que la cause du trouble doive être rapportée à l'oxydation par l'air du sel ferreux ajouté. En effet, en introduisant quelques gouttes d'eau oxygénée dans le liquide non aéré, on voit se produire instantanément le trouble, alors que la même addition dans le liquide non additionné de fer ne donne rien, et si, dans ce liquide primitif, on ajoute un sel ferrique, au lieu d'un sel ferreux, on obtient également un trouble instantané.

Cette casse blanche synthétique offre donc la plus grande analogie avec la casse blanche des vins naturels, et, ce qui permet d'assimiler complètement les deux phénomènes, c'est l'influence de l'acide citrique qui enraye les effets de l'oxydation dans les deux cas. Le fer joue par conséquent dans la formation des troubles un rôle bien établi que nous allons chercher à élucider complètement.

On pourrait immédiatement faire l'hypothèse suivante : l'oxyde ferreux passant à l'état ferrique forme avec l'œnotanin et les matières protéiques de l'eau de levure, une combinaison incolore et insoluble. Il faut faire intervenir les matières protéiques parce que l'acide tartrique libre empêche toute combinaison de l'œnotanin avec l'oxyde ferrique, le liquide restant incolore et limpide (1). Mais cette hypothèse est tout à fait inexacte, car on peut obtenir le trouble dans les mêmes conditions que précédemment en supprimant l'œnotanin dans le vin artificiel. La cause du trouble est donc indépendante de ce dernier produit, et elle l'est aussi de toute matière organique, comme nous allons le voir.

En effet, en prenant une solution d'acide phosphorique à 1 gramme par litre et y ajoutant 4 à 5 grammes de crème de tartre, on a un liquide dont la limpidité est parfaitement stable et contenant du phosphate de potasse, de l'acide tartrique libre et de la crème de tartre. Si on y introduit un sel de protoxyde de fer, rien ne se produit de suite, mais après quelque temps de contact avec l'air, une opalescence se manifeste, puis un trouble très sensible que l'on obtient immédiatement en ajoutant de l'eau oxygénée ou bien en remplaçant le sel de protoxyde par un sel de peroxyde, tel que l'alun de fer.

La chaleur ne fait pas disparaître le trouble, mais hâte au contraire la coagulation du composé insoluble qui se présente alors sous l'aspect d'un précipité floconneux se séparant assez bien du liquide par le repos, comme celui que provoque la chaleur dans la plupart des vins blancs jeunes. Ce précipité, obtenu dans la solution phosphatée, contient seulement de l'oxyde de fer et de l'acide phosphorique, c'est donc un phosphate de peroxyde de fer qui était dans le liquide à l'état gélatineux ou colloïde. Pour empêcher sa formation, il suffit d'ajouter dans la solution acide de phosphate de potasse un peu d'acide citrique dont l'influence sur la précipitation des phosphates de fer ou de chaux est bien connue.

Dans le vin artificiel constitué comme il a été dit plus haut, c'était donc la même réaction qui se produisait ; l'eau de levure étant, comme on sait, assez riche en phosphate de potasse.

En somme, les phénomènes qui se passent dans la casse blanche des vins blancs sont les suivants : au contact de l'air, le fer que renferme le vin sous forme de sels ferreux passe à l'état de sels ferriques, et le peroxyde de fer donne, avec l'acide phosphorique faisant partie de la constitution minérale du vin, du phosphate de fer insoluble qui se précipite en entraînant du tanin, des matières protéiques et mucilagineuses, de la chaux, etc.

(1) Il n'en est pas de même pour le tanin de chêne qui, malgré une dose assez forte d'acide tartrique libre, se combine à l'oxyde ferrique en donnant une coloration ou un précipité noirs.

Or, dans beaucoup de vins blancs non cassables, on peut faire apparaître le trouble de la casse blanche par l'addition d'une petite quantité de sel de peroxyde de fer ; donc l'anomalie de la constitution des vins atteints de casse blanche serait une trop grande richesse en fer, laquelle cependant peut n'être que très relative. Tout en ne dépassant pas celle des vins normaux, elle peut donner lieu aux réactions de la casse parce que ces réactions dépendent aussi d'un état d'équilibre variable avec la composition du milieu. D'autre part, nous savons que l'introduction accidentelle de fer dans un vin blanc peut déterminer la casse bleue ou noire ; voilà donc une même cause qui produit des effets différents, et cela par suite d'une différence dans la constitution du milieu.

En étudiant cette différence, on trouve que la casse noire se présente dans les vins qui contiennent peu ou pas d'acide tartrique libre, et la casse blanche dans les conditions contraires. Dans le premier cas, le tannate de fer de couleur noir verdâtre peut se former en même temps que le phosphate incolore, tandis que dans le second l'acide tartrique libre empêche l'existence de ce tannate sans gêner la précipitation du phosphate ferrique. Aussi, ces résultats sont-ils parfaitement d'accord avec les conditions de production des vins blancs qui cassent en blanc.

En effet, les vins blancs normaux correspondent à une maturation complète du raisin qui laisse peu d'acide tartrique libre dans le moût et par suite dans le vin. Au contraire, dans les années à maturité incomplète, les vins sont riches en acide tartrique libre qui gêne les réactions ordinaires de la clarification spontanée, et si les moûts proviennent de terrains ferrugineux ou sont logés dans des cuves neuves en ciment, ou si d'une manière générale ils acquièrent un supplément de sels de fer, dans les circonstances diverses étudiées par MM. Coudon et Pacottet (1), les vins qui en résultent sont infailliblement affectés de casse blanche plus ou moins prononcée.

Par suite, si la casse noire des vins blancs peut correspondre à certains cas de casse bleue des vins rouges, la casse blanche ne peut guère avoir son parallèle dans ces derniers, puisqu'il est très rare que ces vins soient riches en acide tartrique libre; dans ce cas, ce serait probablement encore une casse bleue, parce que le précipité de phosphate ferrique entraînerait de la matière colorante. Mais en général le précipité bleu noir des vins rouges cassant en bleu ne contient que des traces d'acide phosphorique.

Les résultats nouveaux qui m'ont été fournis par ces recherches, notamment l'influence de la chaleur sur la coagulation du phosphate ferrique, font entrevoir une méthode nouvelle de traitement de la casse blanche dont l'efficacité sera peut-être supérieure à celle que l'on obtient avec les moyens ordinairement employés : addition d'acide citrique, aération, filtration, collage. J'espère avoir l'occasion de revenir sur cette méthode nouvelle et de publier les résultats de son application aux vins blancs et même aux vins rouges.

Casse brune ou casse diastasique. — Les matières tannoïdes des vins rouges ou blancs, arrivées au terme le plus avancé de leur oxydation, sont totalement insolubles dans leur dissolvant ordinaire et possèdent une couleur brune si la matière est divisée, noirâtre si elle est compacte. Le passage de l'état primitif à ce terme final peut se produire en quelques heures sous l'action d'une diastase oxydante dont la présence accidentelle dans le vin n'est pas rare depuis une quinzaine d'années. L'altération présente alors les caractères suivants :

Le vin étant exposé à l'air, au repos et en couche mince, sa couleur rouge

(1) Le fer dans les vins blancs. *Revue de Viticulture*, t. XV, p. 229.

jaunit très rapidement, puis une pellicule irisée se forme à la surface du liquide pendant qu'à l'intérieur la matière colorante et l'œnotanin s'insolubilisent sous forme d'un précipité brunâtre; le vin a pris alors un aspect que l'on peut comparer à celui du chocolat. Au bout d'un temps plus ou moins long, le précipité se dépose en laissant le liquide relativement clair avec une couleur jaunâtre. Cependant l'altération n'est pas toujours aussi intense, il peut en effet rester dans le vin une certaine quantité de couleur rouge, mais dont la nuance tire beaucoup sur le jaune.

Dans les vins blancs, l'altération portant uniquement sur l'œnotanin, on voit apparaître d'abord dans la couche superficielle exposée à l'air une couleur brune qui gagne peu à peu toute la masse, puis un précipité jaune brun plus ou moins abondant suivant la quantité de tanin que renferme le vin; la pellicule irisée peut se produire également si la surface du liquide est tranquille.

En 1893, les vins en très grand nombre présentèrent cette affection que l'on connaissait à peine à cette époque, bien qu'elle ne fût certainement pas nouvelle (1). Son intensité et sa généralité attirèrent vivement l'attention et provoquèrent des études ultérieures qui conduisirent à des résultats que l'on peut considérer comme les plus importants de l'œnologie actuelle.

C'est à Gouirand que revient l'honneur d'avoir démontré, en 1895 (2), le caractère diastasique de l'altération par des expériences suivantes : Un vin cassable, filtré à la bougie de terre poreuse et exposé, dans des conditions aseptiques, au contact de l'air, cassait très rapidement, ce qui écarte toute influence microbienne. Chauffé un temps suffisant à 60°, ou très peu de temps à 80°, ce vin ne cassait plus. Traité avant chauffage par trois fois son volume d'alcool, il fournissait un précipité floconneux assez abondant lequel, recueilli sur un filtre, puis redissous dans le même vin ayant été chauffé à 80° ou dans un autre vin non cassable, communiquait à ces vins la faculté de casser au contact de l'air. Ces résultats principaux suffisaient pour caractériser une action diastasique que M. Bertrand (3), peu de temps après, reconnut être une action oxydante due à une oxydase analogue à la laccase. En effet, en ajoutant à un vin sain cette dernière diastase, il reproduisit entièrement l'altération des vins cassables.

Si le caractère oxydasique de la casse était ainsi parfaitement établi, on ne connaissait pas encore l'origine de l'oxydase des vins rouges ou blancs qui ne la contenaient qu'exceptionnellement. C'est en 1896, année de casse très répandue, que je découvris la source, on peut dire unique, de l'oxydase des vins cassables, en démontrant son existence dans les sécrétions du *Botrytis cinerea*, moisissure qui est l'agent de la pourriture grise aussi bien que de la pourriture noble (4). Aucune des moisissures vulgaires qui vivent en saprophytes sur les matières organiques ne possède cette propriété diastasigène qui est commune, au contraire, à beaucoup de champignons supérieurs; d'ailleurs, le *Botrytis cinerea* par sa forme pezize peut être classé parmi ces derniers.

On sait maintenant que les oxydases sont très répandues dans les cellules des végétaux supérieurs et que le raisin lui-même en contient, d'après les recherches de M. Martinand (5) en 1895, puis de MM. Bouffard et Semichon (6), en 1898.

(1) En 1878, M. A. Gautier avait décrit (*C. R. Acad. Sciences*) une altération des vins du Midi dans laquelle la casse brune était incontestablement présente.
(2) *Comptes rendus*, t. CXX, p. 887.
(3) *Annales agronomiques*, t. XXII, 1896.
(4) *Comptes rendus*, t. CXXII, p. 1074.
(5) *Comptes rendus*, t. CXXI, p. 502, 1895.
(6) *Revue de Viticulture*, t. IX, 1898.

Aussi, à cette époque, plusieurs expérimentateurs émirent l'hypothèse que cette oxydase propre au raisin pouvait être produite en plus grande abondance dans certaines années favorables et être alors la cause d'une casse brune plus ou moins accentuée. M. Cazeneuve (1) notamment, qui fit une étude très complète des propriétés de la diastase oxydante de la casse brune, soutint cette opinion et donna à cette diastase le nom d'œnoxydase qui ne peut ainsi convenir qu'à la diastase contenue normalement dans le jus de raisin. Mais cette dernière est toujours en quantité insuffisante pour provoquer dans le vin les phénomènes de la casse brune : tout au plus peut-on admettre qu'elle puisse favoriser le dépouilement des vins rouges ou blancs qui se produit toujours au début de leur conservation. C'est elle aussi qui doit être considérée comme la base du procédé de vinification en blanc des moûts rosés préconisé d'abord par M. Martinand puis par MM. Bouffard et Sémichon, procédé qui présente souvent des insuccès dus justement à une rareté trop grande de l'œnoxydase.

Au contraire, la pourriture grise introduit dans le moût de raisin de l'oxydase en abondance. Alors même que le parasite n'existe encore qu'à l'état de mycélium logé dans la pellicule du grain de raisin, il y a sécrétion dans le jus d'une quantité d'oxydase suffisante pour produire ensuite dans le vin des effets de casse très marqués. Aussi, quand le développement de la moisissure se traduit à l'extérieur par les fructifications grises bien connues, la sécrétion d'oxydase est devenue extrêmement abondante et par suite capable de provoquer la casse la plus rapide et la plus complète.

Les cellules de la pellicule étant mortifiées, les matières tannoïdes peuvent subir sur place les effets oxydants de la diastase; de sorte que les vins de vendanges pourries présentent toujours un déficit en couleur et œnotanin, lequel, en 1893, est allé quelquefois jusqu'à la totalité pour la couleur.

La quantité d'oxydase que contient le vin est toujours plus faible que la quantité contenue primitivement dans le moût; une certaine proportion, plus grande pour les vins blancs fermentant en barriques que pour les vins rouges fermentant en cuve, est détruite pendant la vinification, et la principale influence qui agit paraît être l'aération, comme je l'ai montré (2). En effet, on constate qu'un liquide de culture du *Botrytis cinerea* ou un moût de raisins pourris riches en oxydase ont perdu complètement leurs propriétés caractéristiques de la présence de cette diastase, au bout de quelques jours d'exposition à l'air. Ou bien, si on prend un vin complètement cassé et qu'on le filtre après une aération suffisamment prolongée, en le mélangeant à un vin sain et exposant ce mélange à l'air, on ne verra se produire aucune modification de sa limpidité, tandis que, primitivement, le vin cassable non aéré faisait casser ce même vin sain. L'expérience est encore plus concluante si elle est faite avec un vin blanc cassable.

En étudiant en bloc les phénomènes d'oxydation qui se produisent dans les vins cassables privés de tous les gaz qu'ils contiennent en dissolution et mis en présence d'une quantité limitée d'air, on trouve que l'oxydation peut aller jusqu'à la formation de gaz carbonique, mais le rapport $\frac{CO^2}{O}$, assez variable, est toujours plus petit que l'unité (3), donc, une partie de l'oxygène absorbé se fixe simplement sur certains éléments du vin, et les matières tannoïdes sont des

(1) *Comptes rendus*, t. CXXIV, pages 406 et 781, 1897.
(2) *Revue de Viticulture*, 1898.
(3) G. Bertrand. *Annales agronomiques*, t. XXII, 1896. J. Laborde, *Comptes rendus*, juillet 1897.

plus avides. Avec les vins sains, il y a également absorption d'oxygène et formation de gaz carbonique, cependant le rapport $\frac{CO^2}{O}$ est beaucoup plus petit que dans le cas précédent, comme nous le verrons bientôt.

La coagulation des matières tannoïdes sous l'action de l'oxydase correspond à une véritable peroxydation de ces matières. La couleur jaune brun du précipité l'indique déjà, il y a aussi l'action de l'acide chlorhydrique à 120° qui fait virer cette couleur au brun noir, au lieu de faire apparaître de la matière colorante rouge. Il en est de même pour l'œnotanin oxydé qui reste en solution dans les vins complètement cassés et leur donne une couleur jaunâtre ; il est coagulé par l'acide chlorhydrique sous forme de précipité brun foncé.

L'oxydase peut donc être considérée comme un intermédiaire très actif entre l'oxygène de l'air et les matières oxydables du vin, mais cet intermédiaire s'use rapidement en accomplissant ses fonctions, probablement oxydé lui-même par l'oxygène qu'il transporte.

Le mécanisme intime de l'action des oxydases est encore fort peu connu, comme pour les autres diastases ; je ne m'arrêterai donc pas aux hypothèses qui tendent à assimiler le phénomène d'oxydation à ceux que provoquent certains sels métalliques en présence de composés organiques très oxydables dont une quantité très notable peut être transformée par une quantité très faible du composé qui sert d'intermédiaire à l'oxygène de l'air. La constitution de ces diastases artificielles est sans aucun doute très rudimentaire par rapport à celle des oxydases naturelles et l'action des premières n'est évidemment qu'une image très vague de celle qu'exercent ces dernières.

Mais, sans pénétrer aussi profondément dans la théorie des phénomènes diastatiques oxydants, on peut se demander si la casse des matières tannoïdes est due à une oxydation directe ou à une aldéhydification dans laquelle l'aldéhyde proviendrait de l'oxydation de l'alcool favorisée par l'oxydase. M. Trillat (1), qui s'est posé cette question dans son travail sur l'aldéhyde acétique dans les vins, est assez partisan d'une dualité d'action bien qu'il n'ait pas étudié les vins cassables. Or, sans écarter absolument l'influence de l'aldéhydification, on peut dire qu'ici encore c'est l'oxydation directe qui préside essentiellement à la précipitation des matières tannoïdes.

En effet, en cultivant le *Botrytis cinerea*, à l'état pur, sur des raisins rouges stérilisés, j'ai vu la matière colorante devenir complètement insoluble dans le vin obtenu ensuite en faisant fermenter ces raisins (2); cette insolubilisation, qui doit être attribuée à la sécrétion d'oxydase par la moisissure, est ici absolument indépendante de la présence de l'aldéhyde, car il n'y a pas d'alcool produit pendant la vie du Botrytis.

M. Martinand, de son côté, a essayé l'action de l'oxydase sécrétée par le *Botrytis cinerea* dans les conditions suivantes : « Du moût de vin, des solutions de matières colorantes végétales se rapprochant de celles du vin, de baies de sureau, de myrtilles, de fleurs de mauve noire, du tanin, etc., ne contenant par conséquent aucun alcool susceptible de donner une aldéhyde, sont rapidement précipitées par l'oxydation provenant de l'air et de l'oxydase. »

J'ai moi-même fait agir l'oxydase du Botrytis sur les matières tannoïdes d'un vin privé complètement d'alcool, et par suite d'aldéhyde, par une ébullition pro-

(1) *Annales de l'Institut Pasteur*, t. XXII, 1908
(2) *Comptes rendus*, t. CXXII, p. 1074.

longée avec addition d'eau pure, et j'ai obtenu tous les caractères de la casse brune très accentuée, c'est-à-dire le brunissement et l'insolubilisation de ces matières au bout de quelques heures.

Pour reproduire approximativement ces caractères par l'action de l'aldéhyde, il faut la faire agir à des doses dix fois supérieures à celles que l'on peut rencontrer dans les vins même les plus cassables et en présence d'une assez forte dose d'acide chlorhydrique ajoutée au vin, conditions qui sont extraordinairement éloignées de tous les faits observés jusqu'ici.

L'aldéhyde acétique, en se combinant avec la matière colorante, la fait jaunir d'abord sans troubler le vin, puis la combinaison s'insolubilise, mais le précipité reste toujours un peu rougeâtre, il ne prend jamais la couleur chocolat du précipité de la casse brune. Soumis à l'action de l'acide chlorhydrique à 120°, l'œnotanin aldéhydifié donne encore un peu de couleur rouge s'il n'a pas été desséché, tandis que l'œnotanin oxydé ne donne rien, comme nous l'avons déjà vu.

En bornant à ces diverses considérations l'étude du rôle de l'oxydase dans la casse du vin, nous allons examiner maintenant les moyens que l'on peut mettre en œuvre pour combattre l'influence que nous connaissons. Ces moyens sont encore ceux qui furent indiqués en 1894 par M. Bouffard (1) avant que la cause de la casse ne fût connue, ce sont le chauffage du vin ou l'addition d'acide sulfureux.

Action de la chaleur. — On sait que la chaleur est un agent destructeur des propriétés des diastases et que son action varie avec la température, la durée du chauffage et la composition du milieu dans lequel se trouve la diastase.

En limitant à un quart de minute, comme dans les appareils industriels de chauffage des vins, le temps pendant lequel un moût ou un vin sont maintenus à des températures croissantes, on peut trouver les chiffres du tableau suivant permettant d'apprécier la proportion d'oxydase détruite ou bien restée active (2) :

	Oxydase active.	
	Moût.	Vin.
Liquide primitif	100	100
Chauffé à 60°	49,6	46,0
— 65°	39,0	30,0
— 70°	28,7	18,0
— 75°	21,8	0
— 80°	9,0	0
— 85°	0	0

Donc la destruction de l'oxydase n'a été complète dans le moût qu'au delà de 80°. Pour le vin qui est un milieu différent, il est rarement nécessaire de dépasser 75° pour la guérison complète de la casse, mais on ne peut considérer cette température comme étant suffisante dans tous les cas, surtout quand la durée de l'action est limitée au temps indiqué.

Malgré la destruction de l'oxydase ainsi obtenue qui fait d'un vin rouge cassable un vin normal après clarification par les moyens habituels, la matière colorante conserve une sensibilité à l'air plus grande que celle d'un vin ayant toujours été sain. Ou, pour mieux dire, dans les vins cassables guéris, les phénomènes de dépouillement ou de précipitation des matières tannoïdes sont toujours plus rapides que dans les autres, et cela est vrai même après la mise en

(1) Sur le cassage des vins. *Comptes rendus*, t. CXVIII, p. 827.
(2) *Revue de Viticulture*, t. IX, 1898, p. 323.

bouteilles. Cela s'explique sans doute par la théorie de Duclaux sur la coagulation de ces matières qui ont vieilli avant l'âge. Peut-être aussi l'aldéhydification intervient-elle avec plus d'intensité.

Les mêmes faits s'observent d'ailleurs pour des vins qu'on a cherché à vieillir artificiellement par un chauffage à l'air ou bien par l'eau oxygénée. Ce vieillissement de la couleur, qui semble donner de bons résultats tout de suite, a généralement pour conséquence un dépouillement ultérieur du vin qui marche très vite et qui fait en quelques années des vins ainsi traités des vins beaucoup trop usés.

Pour retarder la décoloration des vins cassables guéris, il est bon de leur ajouter de l'acide sulfureux, en petite quantité, mais assez fréquemment, lorsqu'ils sont en barrique, et une dernière fois au moment de la mise en bouteilles. Une addition d'acide tartrique donne également plus de fixité à la couleur en la libérant de sa combinaison potassique plus abondante que d'habitude, car une partie de l'acide tartrique du moût ayant été brûlée par le Botrytis, le vin provenant de ce moût en manque souvent.

Action de l'acide sulfureux. — L'influence de l'acide sulfureux sur le jaunissement des vins blancs a été observée depuis fort longtemps. C'est, notamment, une des principales raisons du soufrage des vins de Sauternes à forte dose dès le début de leur conservation, car ces vins sont toujours extrêmement riches en oxydase. M. Muller-Thurgau, en Allemagne, et M. Chuard, en Suisse, ont fortement préconisé l'acide sulfureux pour empêcher le brunissement des vins blancs de leurs régions. Appliqué à la casse des vins rouges, son effet est aussi marqué, et M. Bouffard a eu le mérite de montrer tout le parti que l'on peut tirer de ce traitement simple et peu coûteux.

L'emploi de ce remède contre la casse est soumis cependant à des conditions assez étroites, car s'il est capable de protéger la couleur contre l'oxydase, il peut aussi influer sur l'intensité de cette couleur à cause de ses propriétés décolorantes. Donc, la dose à employer doit être limitée au minimum nécessaire que l'expérience est seule capable de fixer, cette dose pouvant varier de 2 à 10 grammes par hectolitre suivant la gravité du mal.

La manière de procéder à cette expérience est actuellement bien connue, mais dans l'application, à toute la masse du vin à traiter, de la dose reconnue nécessaire et suffisante, il faut réaliser autant que possible les conditions de l'expérience préliminaire si l'on veut obtenir le même succès.

La pratique du traitement étant essentiellement liée à la théorie de l'action de l'acide sulfureux, nous allons tout d'abord envisager cette théorie.

L'idée la plus simple est de rattacher l'influence de l'acide sulfureux à son pouvoir antiseptique. L'acide sulfureux semble gêner et même détruire la diastase comme il gêne ou fait mourir les organismes vivants avec lesquels il est en contact ; dans les deux cas, les doses actives ont sensiblement la même importance. C'est cette idée qui a été acceptée par MM. Bouffard, Cazeneuve et bien d'autres savants, mais elle ne répond pas complètement aux faits que l'on observe, soit dans l'étude scientifique des phénomènes, soit dans l'application pratique du traitement.

Recherches personnelles. — En 1897 (1), je fis les expériences suivantes :

Dans un flacon disposé pour être relié au voluménomètre de Schlœsing,

(1) Sur l'absorption d'oxygène dans la casse des vins. — *Comptes rendus Acad. des Sciences*, t. CXXV, p. 248.

500 centimètres cubes de vin étaient mis en présence de 432 centimètres cubes d'air que l'on pouvait faire barboter fréquemment dans ce vin et ramener ensuite dans l'ampoule de l'appareil. La diminution de pression qui se produisait graduellement indiquait la marche de l'absorption d'oxygène, mais dans une certaine mesure seulement, à cause de la formation de gaz carbonique. Après une semaine environ de contact du vin avec l'air, on procédait à l'analyse des gaz de l'appareil et des gaz dissous dans le vin ; l'analyse des gaz contenus dans le vin au début de l'expérience avait été faite à ce moment. Avec les chiffres trouvés, on pouvait calculer, très exactement, les volumes d'oxygène absorbé et de gaz carbonique formé.

Cette détermination fut faite pour un vin cassable introduit dans l'appareil : 1° en nature ; 2° après avoir été additionné de la dose minimum d'acide sulfureux qui l'empêchait de casser ; 3° après avoir été bouilli et refroidi. Les mêmes essais furent répétés plus tard avec un vin parfaitement sain auquel on avait ajouté dans le second cas la même dose d'acide sulfureux que pour le vin cassable. Le tableau suivant contient les volumes d'oxygène absorbé (1), d'acide carbonique formé, et le rapport $\frac{CO^2}{O}$.

	Vin cassable			Vin sain		
	Oxygène absorbé p. litre	CO^2 produit p. litre	Rapport $\frac{CO^2}{O}$	Oxygène absorbé p. litre	CO^2 produit p. litre	Rapport $\frac{CO^2}{O}$
Vin primitif.....	63cc6	27cc0	0,42	60cc8	16cc0	0,24
— — SO^2.....	68,0	28,4	0,42	40,9	7,4	0,18
— bouilli......	80,6	18	0,11	69,4	18,0	0,26

Nous voyons d'abord une différence marquée entre le rapport $\frac{CO^2}{O}$ du vin cassable à l'état primitif et celui du vain sain, puisque le premier est deux fois plus grand que le second. Ce n'est pas là un cas particulier, car j'ai trouvé, en étudiant plusieurs autres vins sains, que le rapport pouvait varier de 0 à 0,26 au maximum, tandis que dans les vins cassables il ne descend pas au-dessous de 0,4, mais peut s'élever à plus de 0,60.

Nous voyons ensuite que ce rapport reste à peu près constant pour les trois essais faits avec le vin sain, le chauffage étant sans aucune influence et l'addition d'acide sulfureux le faisant baisser un peu.

Au contraire, pour le vin cassable, si le rapport est constant dans les deux premiers essais, dans le troisième sa valeur devient égale à 0,11, comme pour un vin sain.

Donc, considérés en bloc, les phénomènes d'oxydation, qui s'étaient produits dans le vin cassable bouilli où l'oxydase avait été incontestablement détruite, étaient pareils à ceux des vins sains, alors que dans le vin cassable sulfité ils étaient restés analogues à ceux du vin cassable non traité, avec cette différence que la matière colorante avait échappé à une oxydation trop profonde. Par conséquent, il est difficile d'admettre que l'acide sulfureux avait fait disparaître les propriétés de l'oxydase aussi complètement que la chaleur.

En observant la marche de la diminution de pression dans l'appareil employé à ces mesures, on a pu constater que les vins sains ou les vins cassables bouillis

(1) Déduction faite de l'oxygène correspondant à l'oxydation de la totalité de l'acide sulfureux.

absorbent l'oxygène d'une façon assez régulière pendant plus d'une semaine, et que la production de gaz carbonique est plus grande pendant les premiers jours que plus tard. La capacité d'absorption du vin pendant un temps donné dépendant de la constitution de ce vin, surtout de sa richesse en matières tannoïdes, cette capacité peut être plus grande pour un vin sain que pour un vin cassable.

L'addition d'acide sulfureux aux vins sains fait diminuer considérablement l'intensité de l'oxydation au début de l'aération. Au bout de plusieurs jours seulement cette intensité acquiert la même valeur que dans les vins non sulfités, lorsque l'acide sulfureux a été oxydé en grande partie, mais si on veut avoir le même volume d'oxygène absorbé, il faut prolonger la durée du contact de l'air et du vin, surtout si on déduit l'oxygène employé à l'oxydation de l'acide sulfureux.

Dans les vins cassables, l'oxydation est très active pendant les premiers jours et diminue de plus en plus ensuite. La présence de l'acide sulfureux régularise l'absorption d'oxygène, de sorte que, au bout d'une semaine, le volume absorbé est sensiblement le même que pour le vin non traité, sans que les matières tannoïdes soient insolubilisées.

Tous ces faits permettent donc de voir dans l'acide sulfureux un simple protecteur des matières tannoïdes contre l'oxydation trop brusque que provoque la présence de l'oxydase et non un destructeur de cette oxydase. Cette destruction a lieu cependant, puisque le vin ne casse plus après l'oxydation de l'acide sulfureux, mais c'est à l'oxygène de l'air qu'on doit la rapporter, d'après ce que l'on sait déjà et d'après d'autres observations que je vais indiquer.

Pour que l'acide sulfureux introduit dans un vin cassable puisse protéger les matières tannoïdes, il faut qu'il soit capable de se combiner avec elles, ainsi que cela se produit lorsque l'acide sulfureux est ajouté à l'état gazeux ou à l'état de sulfites et de bisulfites. Mais s'il est déjà engagé dans une combinaison organique, s'il est sous la forme dite combinée, sur laquelle l'iode ne peut agir à froid pour l'oxyder, il est impuissant à jouer son rôle protecteur. C'est ce qui arrive quand on ajoute au vin cassable de l'acide aldéhyde-sulfureux, ou bien du moût ou du vin fortement sulfités, mais ne contenant que de l'acide sulfureux combiné; la casse de ce vin n'est pas empêchée, alors qu'elle l'est par une dose égale d'acide sulfureux libre.

Or, le passage de l'acide sulfureux libre à l'état combiné se produit toujours dans un vin sulfité privé du contact de l'air; de sorte que si l'on conserve, dans ces conditions, un vin cassable traité à la dose minimum d'acide sulfureux libre déterminée par une expérience faite à l'air, il arrivera un moment où, cette dose ayant diminué, le vin sera redevenu cassable par aération si l'acide sulfureux n'a pas agi sur l'oxydase. C'est en effet ce qui s'est réalisé dans l'expérience suivante :

Un vin rouge cassable, exigeant 4 grammes par hectolitre de bisulfite de potasse pour être guéri après exposition à l'air, fut introduit, en évitant l'aération, dans des bouteilles contenant des quantités croissantes de bisulfite de potasse, correspondant à 4, 5, 6 et 8 grammes par hectolitre. Après avoir préparé ainsi deux séries de bouteilles absolument pleines et bien bouchées, l'une fut conservée à la température de 28° pendant une semaine et l'autre à la température de 15° pendant deux fois plus de temps; puis une partie du vin de chaque échantillon fut exposée à l'air et l'autre servit à la recherche de l'acide sulfureux libre. Le tableau suivant montre les résultats trouvés (1) :

(1) *Comptes rendus*, 24 mars 1902, et *Revue de Viticulture*, 5 avril 1902.

	Acide sulfureux libre employé par litre.	Acide sulfureux libre restant par litre.	Action de l'aération sur le vin.
1re série, 28°	0gr022	Néant	Casse complète
	0,027	Néant	id.
	0,032	Traces	Casse partielle
	0,044	0gr020	Casse nulle
2e série, 15°	0,022	Néant	Casse complète
	0,027	Traces	Casse partielle
	0,032	0gr018	Casse nulle
	0,044	0gr025	id.

On voit que l'acide sulfureux libre n'existait plus ou ne se retrouvait qu'en très petite quantité dans certains de ces échantillons. Il s'était transformé en acide sulfureux combiné que l'on pouvait retrouver en soumettant le vin à la distillation; la température de 28° est donc plus favorable à la transformation que celle de 15°. Tous les échantillons qui ne contenaient plus d'acide sulfureux libre ou qui n'en contenaient que des traces étaient cassables complètement ou en partie seulement. La présence de l'acide sulfureux, même à une dose assez supérieure à la dose minimum, n'avait donc pas détruit les propriétés de l'oxydase, puisqu'elles réapparaissaient, dans toute leur énergie, après la disparition complète de l'acide sulfureux libre sous la forme combinée.

Ce qui le prouve encore, c'est que le précipité obtenu par l'addition d'alcool à un pareil vin contient de l'oxydase active, car elle bleuit nettement la teinture de gaïac. Au contraire, si le vin renferme de l'acide sulfureux libre, le précipité est inactif sur la teinture de gaïac, non parce que l'oxydase est inactive, mais parce que ce précipité est imprégné d'acide sulfureux libre qui empêche le bleuissement du gaïac (1).

L'hypothèse de M. Bouffard (2) ne peut donc expliquer les retours offensifs de l'oxydase que l'on a souvent observés en pratique dans les vins traités par l'acide sulfureux.

En vue de cette explication, M. Dienert (3) a émis une autre hypothèse d'après laquelle l'oxydase serait simplement paralysée et non détruite par l'acide sulfureux; ce dernier rôle étant dévolu aux acides du vin qui agiraient assez rapidement dans certains cas. De sorte que, si la destruction de l'oxydase n'est pas complète quand l'acide sulfureux a disparu par oxydation, le vin peut casser encore.

Mais, d'après l'étude des phénomènes d'oxydation qui ont lieu dans les vins cassables, nous savons que l'acide sulfureux employé aux doses convenables ne peut être un paralysant complet de l'oxydase. Quant à l'hypothèse de la destruction de l'oxydase par les acides du vin, elle est également en complet désaccord avec les faits, car un moût de raisin, ayant servi de liquide de culture au *Botrytis cinerea*, ou un vin cassable peuvent conserver active leur oxydase pendant de longues années s'ils sont privés du contact de l'air. Je citerai, par exemple, un vin de 1893 provenant de raisins très pourris : complètement décoloré peu de temps après sa sortie de la cuve et mis en bouteilles à ce moment, il est encore capable de brunir fortement à l'air et de faire casser un vin sain avec lequel on le mélange.

Cela ne veut pas dire qu'une augmentation de l'acidité du vin ne puisse

(1) *Comptes rendus*, 15 juillet 1902. *Revue de Viticulture*, 2 août 1902.
(2) *Comptes rendus*, 29 mars 1897 et 9 juin 1902, *Revue de Viticulture*, 28 juin 1902.
(3) *Revue de Viticulture*, 3 mars 1900.

diminuer l'activité de l'oxydase ni agir sur sa conservation, car on modifie ainsi la constitution du milieu primitif dont dépend l'action diastasique.

En somme, on peut résumer de la manière suivante la théorie de l'action de l'acide sulfureux dans la casse des vins que j'ai émise la première fois en 1902, et qui est très simple :

L'acide sulfureux introduit à l'état libre dans un vin cassable se combine aux matières tannoïdes et forme obstacle à leur oxydation trop brutale. L'oxygène de l'air absorbé par le vin se répartit donc mieux sur les divers éléments oxydables parmi lesquels se trouvent : 1° l'oxydase, dont les propriétés disparaissent au contact de l'air; 2° l'acide sulfureux, qui disparaît en même temps. De sorte que la guérison de la casse est obtenue, après une aération suffisante, si la quantité d'acide sulfureux libre est égale ou supérieure à une quantité minimum variable avec la quantité d'oxydase.

Par conséquent, si nous passons à la pratique du traitement de la casse par l'acide sulfureux, nous voyons que le sulfitage du vin doit être suivi d'une aération qui favorisera l'absorption d'une quantité suffisante d'oxygène pour amener la destruction aussi rapide que possible de l'oxydase. Dans ces conditions seulement, qui sont plutôt contraires aux idées courantes, on réalisera une opération rationnelle, puisqu'elle se rapprochera autant que possible de celle qui aura été faite en petit pour déterminer la dose minimum d'acide sulfureux à employer.

Il ne faut pas cependant que cette aération soit exagérée, car la destruction de l'oxydase par l'air n'étant pas très rapide, une partie de cette oxydase pourrait rester active alors que la quantité d'acide sulfureux restant serait trop diminuée, d'où une casse encore possible.

Toute la difficulté du traitement de la casse des vins rouges réside justement dans la réalisation de l'équilibre qui doit exister entre l'oxydation de l'oxydase et celle de l'acide sulfureux, et cette difficulté est plus ou moins grande suivant le mode de logement du vin et beaucoup d'autres conditions que j'ai indiquées ailleurs (1) et sur lesquelles je n'insisterai pas dans ce travail.

Pour les vins blancs, au contraire, rien n'est plus facile que d'empêcher la casse qui n'existe pour ainsi dire pas dans ce cas, puisque ces vins peuvent recevoir en général des doses d'acide sulfureux qui sont massives par rapport aux doses minimes qui sont exactement nécessaires.

Addition de l'acide sulfureux dans la cuve. — L'addition d'acide sulfureux à un vin cassable est un traitement préventif qui ne saurait être curatif pour un vin déjà cassé. On a songé à rendre ce traitement plus préventif encore en ajoutant l'acide sulfureux à la vendange même, au moment de sa mise en cuve. M. Martinand, d'abord, et, ensuite, M. Andrieu ont fortement préconisé cette manière de faire.

Avec la dose maximum de 20 grammes de bisulfite de potasse par hectolitre, on réussit, en général, à obtenir un vin non cassable quand la vendange est modérément pourrie. Mais si le mal est plus intense, le traitement n'a plus une efficacité suffisante, même si la dose de bisulfite est augmentée dans de certaines limites.

Dans le premier cas, ce n'est plus à l'oxygène de l'air qu'il faut attribuer une action prépondérante sur l'oxydase, mais à la modification du milieu qui résulte

(1) *Bulletin de la Société des Agriculteurs de France*, 1903.

de l'introduction du bisulfite dans la vendange et qui entraîne une destruction plus grande de l'oxydase pendant la fermentation. En outre, l'acide sulfureux a donné à la matière colorante plus de fixité, en la libérant de sa combinaison potassique, bien que le vin sortant de la cuve ne contienne plus que des traces d'acide sulfureux à l'état combiné, ayant perdu par conséquent toute son influence protectrice. Dans le second cas, la quantité d'oxydase apportée dans la cuve par la vendange pourrie étant supérieure à celle qui peut être détruite dans les conditions précédentes, le résidu doit rendre le vin cassable.

Autres additions à la cuve. — D'autres substances ajoutées à la vendange pourrie peuvent avoir une action analogue à celle du bisulfite et attribuable toujours à une modification du milieu. Ainsi, dans des expériences faites en 1902 (1) sur de la vendange rouge, j'ai trouvé que le plâtrage à 200 grammes par hectolitre avait la même efficacité que 20 grammes de bisulfite de potasse, que le phosphate d'ammoniaque à la dose de 50 grammes par hectolitre faisait diminuer de moitié au moins l'intensité de la casse et que le tannisage avait aussi quelque influence.

Par contre, en traitant un moût de raisins blancs assez pourris avec 20 grammes de bisulfite par hectolitre, l'intensité de la casse a baissé, par rapport à celle du témoin non traité, de 4,54 à 4,20 seulement, ces chiffres représentant les quantités de matières tannoïdes qui auraient pu être insolubilisées par l'oxydase contenue dans ces vins. Ici, l'action du bisulfite avait été presque nulle, tandis qu'elle était complète pour le vin rouge précédent à la même dose. Les causes exactes de cette différence sont difficiles à dégager, car elles se rattachent encore à cette influence du milieu si mal connue; l'acidité, beaucoup plus élevée dans le vin rouge que dans le blanc, était peut-être une de ces causes.

Casses microbiennes. — Le terme de *vin cassé* était employé primitivement et l'est encore fréquemment en pratique pour désigner des vins rouges ayant subi une modification maladive quelconque de leur couleur. Depuis, on a distingué ces altérations suivant leur origine, comme nous l'avons vu, mais il reste encore à considérer les cas qui sont en rapport avec l'action des germes de maladie, que ces germes soient de nature aérobie ou anaérobie.

Action des mycodermes. — Le premier groupe comprend le *mycoderma vini* et le *mycoderma aceti* dont l'action sur les divers éléments du vin est assez bien connue depuis les expériences de Pasteur, sauf pour les matières tannoïdes. En considérant le vieillissement des vins jaunes de *Château-Chalons* conservés dans des fûts en vidange, Pasteur a été amené à conclure que le développement du *mycoderma vini* qui a lieu régulièrement, dans ces conditions, à la surface du vin, retarde le vieillissement en consommant pour sa respiration l'oxygène de l'air qui pénètre dans le fût et qui serait absorbé par le vin sans la présence de la couche de fleurs. Ce retard porte vraisemblablement à la fois sur le goût et sur la couleur qui de jaune madère deviendrait peut être jaune malaga, comme celle des vins de *Monbazillac* très vieux dont la vinification, au début, ressemble beaucoup à celle des vins de *Château-Chalons*, mais qui sont conservés à l'abri du développement du *mycoderma vini*.

On peut dès lors se demander si cette influence se retrouve pour la couleur des vins rouges qui fleurissent. L'expérience suivante, où j'ai étudié en même temps le *mycoderma aceti*, va nous donner quelques indications à ce sujet.

(1) *Bulletin de la Société des Agriculteurs de France*, 1903.

Un vin normal de 1909 a été introduit dans trois matras de 1 litre, remplis à moitié et fermés par un tampon de coton, que l'on a chauffés jusqu'à l'ébullition du vin pendant un instant. Après refroidissement, l'un a été ensemencé avec du *mycoderma vini*, l'autre avec du *mycoderma aceti* et le troisième est resté comme témoin.

Au bout d'un mois environ, le premier *mycoderma* avait formé une couche très épaisse de fleurs et le second avait transformé presque entièrement le vin en vinaigre, tandis que le témoin s'était simplement dépouillé d'un peu de matière colorante précipitée en bleu noir sur le fond du matras, comme il arrive avec tous les vins nouveaux fortement aérés. Ces trois échantillons du même vin, après avoir été filtrés très limpides, furent examinés comparativement.

La couleur rouge du vin témoin avait perdu sa teinte violacée, elle était devenue d'un rouge un peu tuilé à cause de l'oxydation assez importante qu'elle avait subie. L'échantillon correspondant au *mycoderma vini* avait une couleur de même nuance et de même intensité, tandis que par rapport aux précédentes la couleur de vin aigri présentait des différences assez sensibles : La nuance était plus jaune, et tout en tenant compte de la difficulté de comparaison, l'intensité paraissait nettement plus grande, de 1/5 environ ; par contre, le dosage des matières tannoïdes totales accusait une perte, du côté du *mycoderma aceti*, égale à 0 gr. 40 par litre ; cette perte portait surtout sur l'œnotanin comme dans un autre exemple cité antérieurement ; dans le cas présent, le rapport de la matière colorante à l'œnotanin était de 1/1,5 au lieu de 1/2 dans les deux autres vins ; en outre, pour ces deux mêmes vins, la matière colorante obtenue après l'action de l'acide chlorhydrique à 120° était moins jaune que celle du vin aigri, et le précipité, formé en traitant le vin primitif par la liqueur acéto-mercurique, était gris violacé dans ce dernier cas, comme avec les vins vieux, tandis qu'il était vert sale pour les deux autres, comme avec les vins jeunes.

Ces différences montrent parfaitement que le *mycoderma aceti* a une influence oxydante sur les matières tannoïdes plus énergique que le *mycoderma vini* ; ce qui explique, à la fois, la précipitation plus rapide de ces matières et l'augmentation d'intensité de la couleur du vin aigri, ce dernier changement étant dû au jaunissement de l'œnotanin.

Cette expérience n'a pas accusé de différence entre l'action de l'air seul et celle du *mycoderma vini*, mais il ne paraît pas impossible que, dans un tonneau où la masse du vin est plus grande par rapport à la surface du liquide couverte de fleurs, le résultat soit différent et qu'il corresponde à une oxydation moins rapide des matières tannoïdes. Cependant, avec certains vins, d'après M. Martinand (1), les deux mycodermes favoriseraient beaucoup l'oxydation et la coagulation de la couleur et provoqueraient ainsi une véritable casse, qui serait plutôt en rapport avec la quantité d'aldéhyde produite par les deux mycodermes, d'après M. Trillat.

Ferments anaérobies. — Les microbes anaérobies qui ont une influence intéressante sur les matières tannoïdes des vins rouges sont ceux qui provoquent les maladies de l'amertume et de la tourne.

L'altération notable de la couleur dans les vins amers est un caractère très fréquent d'après Pasteur (2). « Si l'on considère, dit-il, un vin dont un échantillon est parfaitement conservé et dont un autre est devenu amer, ou mieux, a été

(1) *Revue de Viticulture*, 21 septembre 1905.
(2) *Études sur le vin*, page 79.

sous l'influence des filaments dont nous venons de parler, on reconnaîtra dans bien des cas, par la comparaison des couleurs dans deux verres de mêmes dimensions, que l'échantillon malade est d'une couleur moins vive, plus rouge, plus claire et moins agréable. »

Vergnette-Lamotte, dans une lettre à Pasteur bien connue, insiste également sur cette altération de la couleur qui devient de plus en plus complète à mesure que la maladie s'aggrave.

En dehors de cette amertume d'origine microbienne, Pasteur en admet une autre qui se rattache à l'action de l'air et par conséquent à une action purement chimique : « Cette amertume offre ceci de particulier qu'elle disparaît si on supprime la vidange, et si l'on conserve le vin en bouteilles pleines pendant quelques semaines... Pendant le travail d'oxydation du vin, il peut donc se faire qu'une amertume se développe en dehors de toute présence d'organismes (1). » En somme, ainsi que l'a dit Duclaux, la modification du goût qui se produit dans ces conditions correspond à ce que l'on désigne habituellement sous le nom de *maladie de la bouteille*.

Comme un excès d'œnotanin donne normalement de l'amertume au vin et que les matières tannoïdes sont très sensibles à l'oxydation, il paraît assez naturel de rapprocher cette influence de l'air d'une modification de ces matières qui se répercuterait ainsi sur la dégustation.

Or, dans l'amertume microbienne, on observe également une altération des matières tannoïdes, et l'on peut remarquer que les vins qui prennent plus facilement l'amer sont très riches en couleur et œnotanin, comme ceux des vins fins de la Bourgogne ou de la Gironde qui sont obtenus sans égrappage.

Quant à l'influence des microbes sur la précipitation de la matière colorante, elle n'est pas douteuse d'après Duclaux (2) : « Le dépôt de matière colorante dont leur développement dans le vin hâte certainement la précipitation, peut-être parce qu'ils secrètent une oxydase, se fait en partie sur les filaments et les recouvre d'une couche plus ou moins épaisse, mamelonnée et rougeâtre. »

Mais, les recherches récentes de M. Trillat lui font écarter complètement ces conceptions et le conduisent à penser que l'aldéhyde acétique peut jouer le double rôle de coagulant de la matière colorante, que nous connaissons déjà, et de producteur du goût amer, ce dernier étant la conséquence d'une résinification de l'aldéhydate d'ammoniaque formé à la faveur des traces d'ammoniaque existant dans le vin. Les microbes n'auraient de rapport avec le goût amer que par leur sécrétion d'ammoniaque, l'aldéhyde, ayant une origine indépendante de la maladie, pouvant préexister dans le vin ou être produite plus abondamment dans le phénomène normal d'oxydation du vin pendant le vieillissement.

Je n'envisagerai pas ici les diverses objections que soulèvent les conclusions de M. Trillat; je dirai seulement que les vins amers que j'ai examinés se sont tous montrés beaucoup plus pauvres en ammoniaque que les vins tournés, et j'indiquerai ci-dessous les observations que j'ai faites sur l'état des matières tannoïdes contenues dans ces deux sortes de vins altérés.

L'influence du ferment de la tourne sur la couleur du vin paraît aussi certaine que celle du microbe précédent. En décrivant les caractères d'un vin tourné, Pasteur dit : « Exposé à l'air, sa couleur change, elle se fonce, le trouble paraît augmenter. » J'ajouterai qu'avec des vins assez vieux fortement tournés j'ai pu

(1) *Traité de Microbiologie*, IV, p. 639.
(2) *Études sur le vin*, page 79.

observer, en les exposant à l'air après filtration, une véritable casse noire des matières tannoïdes, avec formation à la surface du liquide d'une pellicule irisée, mais dans laquelle la chaleur n'a aucune influence.

Comme les vins amers, les vins tournés se décolorent; cependant, le dépôt de la couleur, au lieu d'être concret, sous forme de plaques plus ou moins adhérentes aux parois de la bouteille comme dans les vins amers, existe plutôt à l'état de précipité fin qui se remet facilement en suspension avec le dépôt microbien.

Devenus très vieux, ces deux sortes de vins altérés, n'ayant plus qu'une couleur d'un brun rougeâtre, sont loin d'être autant dépourvus de matières tannoïdes que certains vins de même âge décolorés par l'air seulement. En effet, en traitant ces vins malades par l'acide chlorhydrique à 120°, on peut faire apparaître une très belle couleur, d'une intensité aussi grande et d'un rouge aussi violacé que celle d'un vin nouveau, et qui est entièrement soluble dans l'alcool. Au contraire, par le même traitement, les vins fortement oxydés ne donnent qu'une couleur jaunâtre et un précipité insoluble dans l'alcool. Donc l'œnotanin des vins malades se conserve avec ses propriétés primitives, qu'une oxydation avancée peut lui faire perdre dans le vin aéré comme dans la pellicule des raisins blancs très mûrs. Cette conservation provient de ce que le milieu est saturé de gaz carbonique dû à l'action microbienne, conditions qui gênent la diffusion de l'oxygène de l'air dans le vin à travers le bouchon de la bouteille.

Le dépôt de matière colorante des vins malades est insoluble dans l'eau chlorhydrique à froid; en portant à 120° le mélange, on obtient une couleur rouge vineux provenant de l'œnotanin entraîné dans le précipité, mais les dépôts que l'on recueille dans les vins sains en donnent bien davantage.

On peut donc conclure que dans l'action des microbes anaérobies sur les matières tannoïdes du vin, la matière colorante semble être plus attaquée que l'œnotanin et que cette influence est sensiblement la même dans les maladies de la tourne et de l'amertume. Ce fait se joint à d'autres qui sont de nature à fortifier les doutes que Pasteur a émis le premier sur la spécificité des ferments de ces deux maladies.

Dosage des matières tannoïdes. — Pour terminer cette étude des matières tannoïdes du vin, nous avons à considérer les procédés que l'on peut employer pour leur détermination quantitative, car on doit leur réserver une place importante dans le tableau de la constitution générale du vin.

Procédés divers. — Parmi les procédés de dosage qui ont été proposés, les uns se contentent de doser en bloc l'œnotanin et la matière colorante, les autres ont la prétention de ne doser que l'œnotanin, la matière colorante étant négligeable ou ne pouvant donner lieu qu'à des appréciations colorimétriques. Le grand nombre de ces procédés et les difficultés qu'ils comportent sont des preuves de l'incertitude de la plupart d'entre eux; ils se divisent en deux sortes: les procédés volumétriques et les procédés en poids.

Les procédés volumétriques les plus anciens sont basés sur l'oxydation des matières tanniques par le parmanganate de potassium, ainsi que l'a proposé tout d'abord Lowenthal pour doser le tanin des produits tannifères. Le vin additionné d'acide sulfurique et de carmin d'indigo était traité par la liqueur titrée de permanganate jusqu'à décoloration complète de l'indigo. Mais, comme certains éléments du vin, autres que les matières à doser, sont attaqués dans ces conditions, on faisait un second essai sur le vin décoloré par le noir animal. La différence entre les volumes de permanganate employés était considérée comme correspondant aux matières tannoïdes seulement.

Ce procédé très grossier fut remplacé par la méthode Carpené, visant l'œnotanin seulement qui était précipité par une solution d'acétate de zinc ammoniacal. Le précipité était récolté, lavé et décomposé par l'acide sulfurique dilué; le tanin mis en liberté était titré à chaud par le permanganate sans addition de carmin d'indigo, ou bien à froid en présence de ce dernier indicateur, comme le préconisait Jean Pi. La méthode Carpené-Jean Pi est devenue officielle en Italie.

En 1891, Carpené proposa un nouveau procédé pour isoler le tanin. Il agitait le vin avec un mélange à volumes égaux d'éther acétique et d'éther sulfurique; et, après épuisement complet du vin, la solution éthérée était transformée en solution aqueuse par distillation des éthers avec de l'eau; on titrait ensuite par le permanganate. Bertoni (1) emploie ce procédé d'extraction, mais il titre la solution aqueuse par une liqueur titrée d'hypochlorite de chaux.

MM. Roos, Giraud et David (2), dans l'analyse des vins de l'Hérault de 1890, dosèrent le tanin seulement par une méthode volumétrique basée sur l'emploi d'une liqueur titrée d'acéto-tartrate de plomb ammoniacal. La fin de la précipitation du tanin est indiquée par la méthode à la touche sur papier au sulfure de sodium.

M. Manceau (3), en 1895, a publié une méthode qui rappelle l'ancien procédé de Hammer pour les solutions des matières tannantes, mais en remplaçant la poudre de peau par les cordes de boyaux employées par A. Girard dans son procédé en poids que nous retrouverons ci-dessous. M. Manceau opère de la manière suivante : 100 centimètres cubes de vin (s'il s'agit d'un vin pauvre en tanin comme le vin de champagne) sont placés dans un petit flacon bouché à l'émeri avec 1 gramme de cordes de boyaux. Après une semaine à la température de 15° environ, on peut être certain que tout le tanin est fixé par la corde. On procède alors au titrage à l'aide d'une solution de permanganate dont 1 centimètre cube correspond à 0 gr. 0002 de gallotanin pur et, en se servant d'une solution sulfurique d'indigotine comme indicateur, on fait deux essais, l'un avec le vin primitif et l'autre avec le vin privé de tanin; la différence donne le chiffre cherché.

Ces divers procédés volumétriques donnent des résultats qui expriment l'équivalence en gallotanin des matières dosées et non le poids vrai de ces matières. Or, comme la différence entre la nature de l'étalon et celle des matières tannoïdes est énorme, ces méthodes ne sont pas rationnelles, les poids équivalents obtenus sont très éloignés des poids vrais, et cette équivalence est variable avec la réaction employée au titrage, comme nous le verrons plus loin.

Procédé A. Gautier (4). — La séparation de l'œnotanin de la matière colorante a été tentée en 1878 par M. A. Gautier de la manière suivante : on sature presque exactement le vin par du carbonate de soude et on ajoute 15 % de sel ammoniac qui précipite la matière colorante. Le liquide décoloré est mis à digérer avec du carbonate de cuivre récemment précipité; on décante au bout de deux jours et on lave avec de l'eau chargée de gaz carbonique. Le carbonate cuprique ayant absorbé le tanin est mis en suspension dans l'eau et décomposé par le gaz sulfhy-

(1) *Actes du VIe Congrès international de chimie à Rome* en 1906, 5e volume.
(2) *Journal de pharmacie et de chimie*, 15 janvier 1890.
(3) *Id.*, II-1895.
(4) *Bulletin de la Société chimique*, t. XXVII, p. 496.

drique. On porte à 100°, on filtre aussitôt et on évapore la solution presque incolore dans le vide. Le résidu est repris par de l'éther et évaporé avec de l'eau sous une cloche remplie de gaz carbonique et en présence d'acide sulfurique. L'œnotanin reste comme résidu.

Procédé Aimé Girard. — Ce procédé déjà ancien (1) fut le premier qui permit de connaître le poids absolu des matières tannoïdes du vin considérées en bloc. Rejetant toutes les méthodes tendant à séparer l'œnotanin de la matière colorante. A. Girard indiqua le procédé suivant, quatre ou cinq cordes de boyaux préparées convenablement, et pesant chacune 1 gramme environ, sont réunies en un faisceau sur lequel l'on prélève 1 gramme de matière pour y doser l'eau. Le reste, pesé exactement, est mis à tremper dans de l'eau distillée, pendant quatre à cinq heures. Après gonflement, on les détord facilement à la main et on les immerge dans 100 centimètres cubes de vin étendu d'eau, s'il est très riche en matières tannoïdes. Au bout de quarante-huit heures environ, le vin est décoloré et ne donne plus la réaction du tanin avec les sels de fer. Après plusieurs dégorgeages dans l'eau distillée, les cordes teintes et tannées sont desséchées d'abord à 35-40° dans un vase plat; puis, quand elles ont perdu toute propriété adhésive, on les introduit dans un flacon qui peut être bouché à l'émeri et dans lequel on détermine leur dessiccation. On bouche alors le flacon pour éviter l'absorption de l'humidité par les cordes, qui sont très hygroscopiques, et on pèse. La différence entre le poids primitif des cordes à l'état sec obtenu dans les mêmes conditions et le poids des cordes teintes desséchées donne le poids des matières tannoïdes.

Procédés J. Laborde. — En 1894, dans une étude assez étendue sur le dosage des tanins (2), j'ai indiqué une méthode en poids qui a pour conséquence une méthode volumétrique tout aussi exacte et qui est basée sur la précipitation de ces matières par l'oxyde de mercure. Pour l'appliquer au vin, on emploie la liqueur mercurique suivante :

Acétate mercurique	20	grammes
Acétate d'ammoniaque	100	—
Eau, quantité suffisante pour	1	litre

La présence de l'acétate d'ammoniaque dans cette liqueur a pour but d'empêcher la précipitation de l'oxyde de mercure par certains acides minéraux ou organiques du vin. Il n'y a pas à craindre non plus la précipitation des matières azotées ou des gommes (3).

Pour procéder à un dosage, on opère de la manière suivante avec le vin rouge : on en prend 50 centimètres cubes qui sont étendus d'une égale quantité d'eau et on sature la plus grande partie de l'acidité avec de l'ammoniaque diluée; on ajoute ensuite 20 centimètres cubes de liqueur acéto-mercurique et on complète le volume à 200 centimètres cubes. Après avoir agité vivement et laissé au repos pendant quelques minutes, on filtre sur un filtre à pli. Le précipité est lavé trois fois avec de l'eau chaude et rassemblé au fond du filtre; puis, à l'aide d'un jet d'eau chaude qui le détache facilement du papier, on le fait tomber, après avoir percé le filtre, dans une capsule de platine que l'on porte au bain-marie, puis à l'étuve à 105°.

Pendant cette dessiccation à l'étuve, le précipité se décompose partiellement,

(1) *Comptes Rendus de l'Académie des sciences*, 1882.
(2) *Mémoires de la Société des sciences physiques et naturelles de Bordeaux*, 1884.
(3) Si le vin contenait exceptionnellement de l'acide pectique et autres mucilages, on devrait l'en débarrasser par le chlorure de calcium et une filtration.

car une partie du mercure se vaporise, de sorte que l'on ne peut compter sur une composition déterminée du précipité à l'état sec. Mais le poids de la matière organique peut être obtenu par différence, connaissant le poids du résidu sec et déterminant la quantité de mercure qui reste.

Pour cela, on dissout ce résidu dans la capsule de platine par 20 centimètres cubes d'acide azotique, à chaud; on transvase dans un verre de Bohême et on continue de chauffer au bain de sable pour oxyder la matière organique dont on active la destruction en ajoutant une pincée de chlorate de potasse lorsqu'il ne reste plus que 4 à 5 centimètres cubes d'acide azotique. On ajoute 5 centimètres cubes d'acide chlorhydrique pour chasser les oxydes de chlore et les vapeurs nitreuses, on ajoute un peu d'eau, on chauffe encore un moment et on laisse refroidir.

Le mercure, complètement débarrassé de la matière organique et transformé en sel mercurique, est alors dosé par le procédé volumétrique suivant : On sature les acides libres avec de l'ammoniaque, on ajoute à la solution acide 10 centimètres cubes d'acétate d'ammoniaque à 10 % et on acidifie avec 5 centimètres cubes d'acide acétique à 10 % ; la solution est ainsi prête à recevoir la liqueur titrée de protochlorure d'étain que l'on mesure avec la burette graduée. La réaction qui se produit est figurée par l'équation :

$$2HgCl^2 + SnCl^2 = SnCl^4 + Hg^2Cl^2.$$

Lorsque tout le bichlorure de mercure est transformé en protochlorure blanc insoluble, un excès de liqueur d'étain agit sur le sel mercureux et donne du mercure réduit qui colore la liqueur en brun. Il suffit de quelques gouttes ajoutées en plus pour obtenir une teinte brune légère très sensible qui est l'indice de la fin de la réaction.

La liqueur de protochlorure d'étain se prépare en dissolvant 4 grammes d'étain en feuilles dans 25 centimètres cubes d'acide chlorhydrique et étendant à un litre. Elle est titrée à l'aide d'une liqueur de bichlorure de mercure pur à 1 % : on en fond 10 centimètres cubes, on ajoute 10 centimètres cubes d'acétate d'ammoniaque à 10 % acidulé par l'acide acétique, on étend à 100 centimètres cubes avec de l'eau distillée et on procède comme ci-dessus. En opérant toujours sur un volume de solution mercurique égal à 100 centimètres cubes et avec une liqueur d'étain correspondant à la concentration indiquée (1), la correction relative à la teinte brune légère est toujours la même; on n'a donc pas à en tenir compte.

Le résultat du dosage du mercure dans le précipité sec est calculé en oxyde de mercure pour être retranché du poids de ce précipité. La différence correspond donc à la somme des poids de l'œnotanin et de la matière colorante; nous allons voir tout à l'heure comment on peut déterminer le poids de chacun des éléments du mélange.

Je vais indiquer d'abord la méthode volumétrique qui conduit très rapidement aux mêmes résultats que la méthode en poids. Elle est d'ailleurs facile à concevoir. Connaissant la quantité d'oxyde de mercure contenue dans les 20 centimètres cubes de liqueur acéto-mercurique ajoutés à 50 centimètres cubes de vin et la quantité d'oxyde de mercure restant dans le liquide après séparation du précipité,

(1) On sait que les solutions de chlorure stanneux s'oxydent assez facilement à l'air; il faut donc les titrer chaque fois au moment de s'en servir.

la différence donne la quantité retenue par les matières tannoïdes. La pratique de la méthode est la suivante :

Le mélange de vin et de liqueur mercurique, complété exactement à 200 centimètres cubes et agité vivement pendant un instant, est versé sur un filtre à pli assez grand pour contenir au moins la moitié du volume du liquide. Ce liquide passe plus ou moins clair au début; on le repasse sur le filtre, jusqu'à clarification complète que lon obtient assez rapidement.

Dès que l'on a un peu plus de 100 centimètres cubes de liquide filtré (1), on mesure exactement les 100 centimètres cubes et on titre l'oxyde de mercure restant en ajoutant directement la liqueur titrée de protochlorure d'étain. En multipliant le résultat par 2 on a le chiffre correspondant aux 200 centimètres cubes du mélange.

Par conséquent, la différence entre ce poids d'oxyde de mercure et celui qui était contenu dans les 20 centimètres cubes de liqueur acéto-mercurique correspond aux 50 centimètres cubes de vin employés; on rapporte à un litre en multipliant par 20.

Il reste à savoir maintenant à quel poids de matières tannoïdes correspond ce poids d'oxyde de mercure. La relation est obtenue en comparant les résultats trouvés dans le dosage en poids des matières tannoïdes au résultat du dosage volumétrique de l'oxyde de mercure combiné avec ces matières à l'état humide.

Cette comparaison peut être faite pour un assez grand nombre de vins dans le tableau suivant qui donne en outre pour les mêmes vins les résultats de la méthode Aimé Girard.

NATURE DES VINS		PROCÉDÉ AIMÉ GIRARD	PROCÉDÉ LABORDE		
		Œnotanin et matière colorante par litre	Matières tannoïdes par litre (a)	Oxyde de mercure par litre (b)	Rapport $\frac{a}{b}$
Vins rouges de la Gironde.	Médoc 1891	3gr00	3gr12	3gr08	1,01
	Médoc 1891	2,70	3,00	3,04	0,99
	Graves 1889	2,30	2,60	2,66	0,97
	— 1891	2,55	2,54	2,64	0,95
	Côtes 1891	3,85	3,92	3,96	0,99
	— 1890	3,94	4,12	4,10	1,01
	— 1882	3,78	3,98	3,94	1,02
	Palus 1891	3,35	3,72	3,72	1,00
	— 1890	2,90	3,04	3,06	0,99
Vins rouges divers.	Hérault 1890	1,95	2,12	2,04	1,04
	Algérie 1891	2,75	2,90	2,92	0,99
	Espagne 1891	4,75	4,80	4,76	1,02
	Vin d'Herbemont	2,36	2,84	2,80	1,01
	Vin de coupage	2,00	2,00	2,08	0,96
Vins blancs de la Gironde.	Grand vin 1887	0,80	0,80	0,84	0,96
	— 1891	»	0,70	0,70	1,00
	Ordinaire 1891	»	0,25	0,26	0,96
Vins blancs divers.	Espagnol	»	0,80	0,82	0,98
	Turc	»	0,55	0,54	1,02
	Allemand	»	0,55	0,55	1,00

(1) Il ne faut pas attendre la filtration complète de 200 centimètres cubes de liquide, car le précipité accumulé sur le filtre retient un supplément d'oxyde de mercure vers la fin de la filtration.

De l'examen de ces chiffres et de beaucoup d'autres publiés dans mon travail original, on peut déduire que : 1° la méthode Aimé Girard et la méthode Laborde donnent des résultats très voisins; cependant les premiers sont presque toujours plus faibles parce qu'on ne peut jamais arriver à décolorer le vin d'une façon absolue, même après un séjour prolongé des cordes de boyaux : cela est vrai surtout pour les vins à acidité un peu forte et en général pour les vins nouveaux ; 2° les matières tannoïdes d'un vin quelconque, quelle qu'en soit l'origine, qu'il soit jeune ou vieux, très coloré ou non, sain ou malade, sont précipitées par un poids égal au leur d'oxyde de mercure; le rapport de combinaison est donc égal à 1.

D'après ce dernier résultat, la matière colorante, l'œnotanin, auraient donc la même propriété vis-à-vis de l'oxyde de mercure car, dans les nombreux vins essayés, le rapport de la matière colorante à l'œnotanin était sans doute très variable, et cependant le rapport de combinaison avec l'oxyde de mercure a très peu varié.

Récemment, j'ai pu confirmer ce résultat d'une manière très précise en prenant des vins dont le rapport de la matière colorante à l'œnotanin était connu et assez variable.

Le tableau suivant donne les chiffres trouvés :

NATURE DES VINS	RAPPORT DES MATIÈRES TANNOÏDES	MATIÈRES TANNOÏDES PAR LITRE a	OXYDE DE MERCURE PAR LITRE b	RAPPORT $\frac{a}{b}$
N° 1, 1906	1 : 1	3gr80	3gr91	0,97
N° 2, 1908	1 : 2,3	3,92	3,74	1,04
N° 3, 1909	1 : 1,2	3,36	3,19	1,05

Le rapport des matières tannoïdes a donc été sans influence sur le rapport $\frac{a}{b}$, et pratiquement la valeur de ce rapport peut être considérée comme étant fixe et égale à 1. Cette donnée permet ainsi un dosage rapide et suffisamment précis des matières tannoïdes du vin par la méthode volumétrique indiquée ci-dessus (1).

Comparaison des résultats fournis par diverses méthodes. — La comparaison des résultats obtenus avec la méthode A. Girard et la méthode J. Laborde a montré que celle-ci est parfaitement équivalente à la première. Il y a intérêt à faire des comparaisons analogues pour d'autres méthodes qui ont été appliquées dans des travaux plus ou moins importants sur l'analyse des vins et dont les résultats expriment, comme on sait, non pas les poids réels des matières que l'on a voulu doser, mais des poids équivalents en gallotanin.

Le tableau suivant donne les nombres obtenus en appliquant à une série d'échantillons de vins rouges et blancs : 1° le procédé que j'ai indiqué (*a*); 2° le procédé Carpené avec titrage à chaud (*b*) employé par MM. Gayon, Blarez et Dubourg dans l'analyse des vins de la Gironde des récoltes 1887 et 1888; 3° le procédé Carpené-Jean Pi (*c*); 4° le procédé à l'acéto-tartrate de plomb employé par MM. Roos, Giraud et David dans l'analyse des vins de l'Hérault des récoltes

(1) C'est cette méthode que MM. Chavastelon et Tixier ont employée pour le dosage des matières tannoïdes des vins d'Auvergne des années 1902, 1903, 1904 et 1905. Clermont-Ferrand, 1906.

1889 et 1890. A côté de ces derniers résultats, le tableau contient le poids des matières tannoïdes trouvé en pesant le précipité plombique et déduisant le poids des matières minérales qui restaient après incinération (e). Enfin le tableau indique les coefficients que l'on obtient en faisant le rapport des résultats du premier procédé à ceux de tous les autres. Ces coefficients permettent donc de transformer les chiffres obtenus à l'aide des méthodes autres que la première en d'autres qui correspondent de plus près aux quantités réelles de matières tannoïdes qu'on avait voulu doser.

NATURE DES VINS		PROCÉDÉ A L'OXYDE DE MERCURE	PROCÉDÉ A L'ACÉTATR DE ZINC				PROCÉDÉ A L'ACÉTO-TARTRATE DE PLOMB			
		(a)	Titrage à chaud (b)	Rapports $\frac{b}{a}$	Titrage à froid (c)	Rapports $\frac{c}{a}$	Dosage en volumes (d)	Rapport $\frac{d}{a}$	Dosage en poids (e)	Rapports $\frac{e}{a}$
Vins rouges de la Gironde.	Médoc 1891	3,08	2,08	0.68	1,45	0,47	1,50	0,49	2,88	0,93
	— —	3,06	2.27	0,74	1,36	0,44	1,50	0,49	2,62	0,85
	Graves 1891	2,55	1,71	0,67	1,28	0,50	1,36	0,53	2,32	0,91
	— 1889	2,60	1,67	0,64	1,18	0,45	1,40	0,54	2,32	0,89
	— 1873	2,64	1,85	0,70	1,28	0,48	1,16	0,44	2,46	0,93
	— 1892	2,72	2,00	0,74	1,25	0,45	1,40	0,51	2,35	0,84
	Côtes 1891	3,95	3,19	0 80	2,00	0,51	1,94	0,49	3,60	0,91
	— 1890	4,12	3,19	0,77	1,92	0,47	1,90	0,46	3,56	0,86
	— 1887	3,22	2,34	0,73	1,48	0,46	1.38	0,43	3,00	0,93
	— 1884	3,85	3,27	0,85	2,00	0,52	1.84	0,48	3,52	0,91
	— 1882	3,98	3,10	0,78	2,10	0,52	1,84	0,46	3,40	0,85
	Palus 1891	3,72	2,94	0,79	1,56	0,42	1,65	0,44	3,20	0,87
	— 1890	3,04	2,28	0,75	1,40	0,46	1,36	0,45	2,40	0,80
Vins rouges divers.	Hérault 1889	2,12	1,70	0,80	0,96	0,45	0,96	0,45	2,06	0,97
	Algérien 1891	2,02	2,10	0,72	1,36	0.47	1,28	0,44	2,48	0,85
	— 1892	4,20	2,80	0,66	2,22	0,52	2,10	0,50	4,00	0,95
	Italien 1892	5,36	3,20	0,60	2,70	0,50	2,45	0,42	4,90	0,91
	Espagnol 1891	4,76	3,70	0,76	2,30	0,47	2,30	0,49	4,28	0,88
	Coupage	2.00	1,63	0,76	0,80	0,40	0,96	0,48	1,84	0,92
	Herbemont	2,80	1,50	0,54	1,10	0,39	»	»	»	»
Vins blancs de la Gironde.	Grand vin 1887	0,82	0,75	0,91	0,25	0,30	»	»	»	»
	— 1891	0,70	0,70	1,00	0,20	0,28	»	»	»	»
	Ordinaire 1891	0,26	0,20	0,76	»	»	»	»	»	»
	— —	0,33	0,28	0,85	»	»	»	»	»	»
Vins blancs étrangers.	Espagnol	0,80	0,70	0,87	0,30	0,37	»	»	»	»
	Turc	0,54	0,50	0,92	0,16	0,29	»	»	»	»
	Allemand	0,55	0,50	0,92	0,20	0,36	»	»	»	»

En examinant les chiffres obtenus par le procédé Carpené, on voit qu'ils ne sont pas identiques quand on change la manière de faire agir le permanganate, l'écart est même considérable. Quant aux coefficients obtenus avec chacune des deux manières de titrage, leurs variations s'expliquent par la grande altérabilité des matières tannoïdes dont une partie peut rester insoluble dans la liqueur sulfurique même concentrée, ou se précipiter dès l'addition des premières gouttes de permanganate. La moyenne de ces coefficients est de 0,75 pour le titrage à chaud et 0,43 pour le titrage Lowenthal.

Pour le procédé à l'acéto-tartrate de plomb, la moyenne est encore différente et égale à 0,48 par la méthode volumétrique, tandis qu'avec la méthode en poids on arrive à 0,9; on n'atteint pas l'unité parce que la combinaison de l'oxyde de plomb avec les matières tannoïdes est soluble en partie dans la liqueur ammoniacale, et non parce qu'on précipite le tanin seulement, à l'exclusion de la matière colorante, comme on pourrait le croire.

Détermination du rapport de la matière colorante à l'œnotanin. — Nous avons vu précédemment que la connaissance des proportions relatives des constituants des matières tannoïdes présente un assez grand intérêt et nous savons qu'il suffit pour cela de connaître leur poids total et le rapport de leurs poids respectifs. Nous avons vu comment on peut déterminer le poids total; quant au rapport, on l'obtient facilement en mettant à profit la réaction, bien connue maintenant, qui transforme l'œnotanin en matière colorante et en procédant ensuite à une simple comparaison colorimétrique. La manière d'opérer est la suivante :

A 25 centimètres cubes de vin, on ajoute 1^{cc},5 d'acide chlorhydrique pur des laboratoires (environ décanormal) et le mélange, contenu dans un flacon assez résistant et bien bouché, est porté pendant 20 minutes à 120°, à l'autoclave, ou au bain de chlorure de calcium bouillant à cette température. Sans attendre le refroidissement complet du liquide ainsi traité, on ajoute 20 centimètres cubes d'alcool fort et on complète à 50 centimètres cubes avec de l'eau distillée après refroidissement. On filtre si le liquide coloré n'est pas assez limpide.

D'un autre côté, on a préparé 50 centimètres cubes d'un liquide témoin avec les mêmes quantités de vin, d'acide chlorhydrique, d'alcool et d'eau. Cette addition d'acide chlorhydrique dans le témoin a pour but de donner à la couleur une nuance identique à celle du vin porté à 120°, et de rendre, par suite, la comparaison colorimétrique très exacte ; car, la couleur plus ou moins violacée des vins jeunes prend une nuance rouge vif uniforme, et la couleur plus ou moins tuilée des vins vieux se rapproche également de la même teinte, à moins que cette couleur ne soit trop jaune, auquel cas elle ne présente plus d'intérêt.

La comparaison des intensités de coloration du vin témoin et du vin porté à 120° se fait au colorimètre Dubosc en donnant au liquide témoin une épaisseur maximum de 10 millimètres, l'épaisseur de la couche de l'autre liquide ne descendant pas, en général, au-dessous de 3 millimètres. Le rapport des deux intensités de coloration est donc inverse du rapport des épaisseurs des liquides lorsque la teinte est la même pour les deux demi-disques de l'appareil.

Ce rapport étant déterminé, il nous reste à connaître la relation qui existe entre l'œnotanin et la couleur produite par l'action de l'acide chlorhydrique à 120°. J'ai déjà indiqué que l'œnotanin, isolé d'une infusion d'organes verts de la vigne par précipitation à l'aide de la liqueur acéto-mercurique, donne un poids de matière colorante sensiblement égal au sien. Mais comme l'isolement de l'œnotanin entraîne toujours son oxydation partielle qui a pour conséquence l'obtention d'une couleur en partie insoluble dans l'alcool, j'ai voulu vérifier la relation trouvée en opérant directement sur le vin. L'expérience a été faite de la manière suivante avec trois vins différents : pour chacun d'eux, des prises de 50 centimètres cubes et de 25 centimètres cubes ont été additionnées d'acide chlorhydrique dans la proportion de 6 % et portées ensuite à l'autoclave à 120°. Après la réaction, les prises de 50 centimètres cubes ont servi à déterminer le poids de matière colorante totale et les prises de 25 centimètres cubes étendues à 50 centimètres cubes avec de l'alcool et de l'eau ont été comparées, au colorimètre, avec la solution type de rouge de Bordeaux dont il a été fait usage plus haut et constituant une unité d'intensité colorante.

Au sortir de l'autoclave, les prises de 50 centimètres cubes ont été additionnées de 25 centimètres cubes d'alcool pour dissoudre entièrement la matière colorante précipitée en partie, puis on a saturé l'acide chlorhydrique avec une quantité de lessive de soude calculée d'avance, enfin on a précipité la matière colorante par la liqueur mercurique après avoir alcalinisé légèrement le liquide (1).

Parallèlement à ces dosages de la matière colorante totale, on a procédé au dosage des matières tannoïdes du vin primitif en opérant exactement dans les mêmes conditions, c'est-à-dire en ajoutant 25 centimètres cubes d'alcool, puis 6 % d'acide chlorhydrique, saturant ensuite par de la soude, alcalinisant avec de l'ammoniaque et enfin, en traitant par la liqueur mercurique. Les précipités furent ensuite manipulés comme il a été dit plus haut, pour déterminer le poids de matière organique qu'ils renfermaient après dessiccation.

Le tableau suivant donne les résultats obtenus avec les trois vins, avant et après traitement par l'acide chlorhydrique à 120°.

NUMÉROS DES VINS	AVANT TRAITEMENT. Matières tannoïdes	Intensité de coloration	APRÈS TRAITEMENT. Matière colorante totale (a)	Intensité de coloration (b)	RAPPORT $\frac{a}{b}$
1	4gr20	1,4	4gr14	4,4	1,06
2	3,40	1,4	3,24	3,6	1,11
3	5,24	1,6	5,16	5,4	1,04

Le poids de matière colorante totale obtenu après l'action de l'acide chlorhydrique est donc sensiblement égal au poids des matières tannoïdes primitives; donc, la transformation de l'œnotanin en couleur se fait sans modification appréciable du poids de la matière chromogène.

De sorte que, connaissant le poids total des matières tannoïdes et le rapport des intensités de coloration avant et après l'action de l'acide chlorhydrique, il est facile de calculer les poids de chacun des éléments du mélange. C'est cette méthode que j'ai appliquée pour obtenir les résultats dont j'ai parlé précédemment (2).

Méthode purement colorimétrique. — Le tableau contient encore une relation intéressante qui va nous permettre d'établir une méthode purement colorimétrique pour le dosage de la matière colorante et de l'œnotanin. Cette relation est donnée par le rapport (*a*) du poids de matière colorante totale à l'intensité de coloration (*b*), rapport qui est constant pour les trois vins considérés et pour beaucoup d'autres que j'ai étudiés. Il montre, par conséquent, que 1 gramme de matière colorante du vin, dissoute dans 1 litre d'alcool à 50° environ acidifié par l'acide chlorhydrique, donne une solution qui a la même intensité de coloration que la solution de rouge de Bordeaux au même titre; les deux matières ont le même pouvoir colorant, résultat qui est assez curieux. En comparant à la liqueur type de rouge de Bordeaux le vin acidifié par l'acide chlorhydrique avant et après chauffage à 120°, on pourra donc calculer les poids de matière colorante et d'œnotanin.

Pour ces déterminations, le vin acidifié doit être toujours dilué avec de

(1) Il faut opérer dans ces conditions pour réaliser la précipitation complète de la matière colorante qui serait gênée si la réaction du liquide était acide par la présence du chlorure de sodium existant dans ce liquide en assez grande quantité.

(2) *Revue de Viticulture*, t. XXXII, p. 456.

l'alcool fort pour doubler exactement le volume du vin primitif employé. On doit prendre, en outre, les précautions d'usage pour conserver aux comparaisons toute leur proportionnalité. En effet, avec les vins très riches en matière chromogène, la quantité de couleur produite est telle, que le liquide après dilution possède une intensité de coloration trois ou quatre fois plus grande que celle de la liqueur type. Après avoir déterminé ce rapport provisoire, on dilue encore la solution dans ce même rapport avec de l'alcool à 50° et on procède à une nouvelle comparaison avec la liqueur type. Si cette comparaison ne donne pas exactement un rapport égal à 1, le rapport provisoire doit être modifié en conséquence pour devenir définitif. On procède de la même manière quand on compare directement les intensités de coloration du vin acidifié par l'acide chlorhydrique avant et après chauffage à 120°.

Enfin, on peut encore doser la matière colorante et l'œnotanin en mettant en œuvre le procédé volumétrique qui donne leur poids total et la méthode colorimétrique qui permet de connaître la quantité de couleur d'après la relation avec la liqueur type de rouge de Bordeaux qui a été indiquée ; le poids d'œnotanin est calculé par différence. On pourra se dispenser ainsi du traitement à l'autoclave ou au bain de chlorure de calcium bouillant à 120°.

Évaluation de l'intensité de coloration des vins. — Jusqu'à présent, on n'avait pour comparer entre elles les couleurs des différents vins que le procédé du vino-colorimètre de Salleron qui est bien connu (1). Il rendra toujours les mêmes services quand il s'agira d'apprécier les nuances de la couleur ; mais si l'on veut évaluer la quantité exacte de couleur contenue dans les vins à comparer, on obtiendra des résultats absolument précis en appliquant la méthode que j'ai indiquée ci-dessus, et dans laquelle toutes les nuances de la couleur disparaissent par la présence de l'acide chlorhydrique qui les fait virer à la nuance de la liqueur type de comparaison (2).

CONCLUSIONS GÉNÉRALES. — Dans cette étude des matières tannoïdes du vin, je crois avoir montré toute l'importance que possèdent ces principes immédiats aux différents points de vue qui se présentent en œnologie.

J'ai essayé tout spécialement d'établir le rôle de chacun des constituants des matières tannoïdes, la matière colorante et l'œnotanin, beaucoup mieux qu'on ne l'avait fait encore, et cela grâce surtout à une réaction que j'ai découverte et qui démontre qu'il existe un lien étroit entre les deux matières. Elle a permis ainsi de préciser l'origine de la matière colorante des vins rouges et celle de beaucoup d'autres pigments rouges de nature tannoïde que l'on rencontre dans les végétaux. Enfin cette réaction m'a conduit à des méthodes très simples pour le dosage de chacune des deux matières tannoïdes du vin, alors que ces dosages séparés n'avaient pu être réalisés jusqu'à présent.

J. LABORDE,
Directeur-adjoint de la Station agronomique
et œnologique de Bordeaux.

(1) On peut employer encore le chromatomètre, très peu répandu, de M. Andieu.

(2) En complétant son nécessaire colorimétrique de manière que l'on puisse réaliser ce dosage précis, la maison Salleron aurait un instrument qui permettrait alors l'étude complète de la couleur et de l'œnotanin des vins.

PARIS. — IMPRIMERIE LEVÉ, RUE CASSETTE, 17.

REVUE DE VITICULTURE

PRINCIPAUX COLLABORATEURS

La « REVUE DE VITICULTURE », qui groupe autour d'elle une Rédaction absolument unique dans la Presse viticole, comprend comme Collaborateurs, pour la plupart exclusifs, les Savants les plus éminents, les Spécialistes les plus autorisés et les Viticulteurs praticiens les plus réputés des diverses régions viticoles de la France et de l'Europe.

MM.

G. Adam
Adamovich
R. André
Prince Andronikof
[illegible]
Archambaud
P. Arnaud
[illegible]

MM.

Daurel
Decker David, député
G. Deferrière
Dernos
A. Doughain
Dormeau
[illegible]
G. Doumergue, député
J. Drouhault
J. Dubourdieu
Général Decasse
[illegible]

MM.

Labergerie
Laborde
Lafforgue
P. de Lapeyrouse
de Lapparent
Larnaude
de Lapouge
P. Larue
Laurent
Lavergne
Lecomte
Lesnhardt-Pomier
Olivier Lecq
[illegible]

MM.

Rigaud
Ringelmann
Rivière
Rolland
M. de la Roche-Macé
Xavier Rocques
Roucorelle
L. Roos
Rosenstiehl
Rougier
Rousseaux
Dr Roux
Gustave Roy
Roy-Chevrier
Colonel Sabouraud
[illegible]

REVUE
DE
VITICULTURE

ORGANE DE L'AGRICULTURE DES RÉGIONS VITICOLES

PUBLIÉE SOUS LA DIRECTION DE

P. VIALA

Inspecteur Général de la Viticulture,
Professeur de Viticulture à l'Institut National Agronomique,
Membre de la Société Nationale d'Agriculture, Docteur ès sciences.

CONSEIL DE RÉDACTION

Jean Cazelles, Membre du Conseil supérieur de l'Agriculture, Secrétaire gén¹ des Viticulteurs de France, Prop.-Viticulteur (Gard).

G. Cazeaux-Cazalet, Député, Président du Comice viticole de Cadillac, Propriétaire-Viticulteur (Gironde).

Gaston Chandon de Briailles, Propriétaire-Viticulteur (Champagne).

F. Convert, Professeur à l'Institut National agronomique, Propriétaire-Viticulteur (Ain).

U. Gayon, Correspond¹ de l'Institut, Profess¹, Doyen à la Faculté des Sciences de Bordeaux.

F. Gervais, Membre de la Soc. N¹ᵉ d'Agriculture, Vice-Présid. des Agriculteurs et des Viticulteurs de France, Prop.-Vitic. (Hérault).

J. M. Guillon, Inspecteur de la Viticulture, Dr de la Stat. vitic. de Cognac, Prop.-Vitic. (Charente).

H. de Lapparent, Inspecteur Général de l'Agriculture, Propriét.-Viticulteur (Cher).

F. Larnaude, Professeur à la Faculté de droit de Paris, Prop.-Viticulteur (Gers).

A. Muntz, Membre de l'Institut, Professeur à l'Institut National agronomique, Propriétaire-Viticulteur (Dordogne).

P. Pacottet, Chef des travaux à l'Institut agronomique, Maître de conférences à l'École d'Agric. de Grignon, Prop.-Vitic. (Bourgogne).

J. Roy-Chevrier, correspond¹ de la Société nation. d'Agric., Prop.-Vitic. (Saône-et-Loire).

L. Sémichon, Dr de la Station œnologique de Narbonne, Propr.-viticulteur (Aude).

A. Verneuil, Correspondant de la Société nationale d'Agriculture, Lauréat de la Prime d'honneur, Prop.-Vitic. (Charente-Infér^re).

SECRÉTAIRE GÉNÉRAL : **Raymond BRUNET**
Ingénieur agronome, Propriétaire-Viticulteur (Gironde).

La *REVUE DE VITICULTURE*, l'organe le plus important et le plus autorisé de la Viticulture française, paraît, à Paris, le Jeudi de chaque semaine. Elle forme, par an, deux magnifiques volumes de 1500 à 1600 pages chacun, avec planches en couleur et nombreuses gravures. Elle publie :

1° Des *Articles de Fond* sur toutes les questions viticoles, économiques et agricoles intéressant les régions viticoles ;

2° Des *Actualités* qui permettent à ses Lecteurs de suivre, dans tous ses détails, le mouvement viticole et agricole ;

3° Une *Revue commerciale* pour tous les vignobles français et pour l'Étranger.

La REVUE DE VITICULTURE répond **gratuitement** *aux demandes de Renseignements de ses Abonnés ; ses nombreux Services spéciaux lui permettent de faire* **gracieusement**, *pour ses Lecteurs, l'analyse du calcaire des terres, l'examen des vins malades, des maladies de la vigne, de l'authenticité des plants de vignes, etc.*

La REVUE DE VITICULTURE publie chaque année **un agenda viticole et œnologique** *qui est un aide-mémoire indispensable pour les viticulteurs et les négociants en vins dont le prix de* **1 fr. 10 franco** *est réduit à* **0 fr. 80** *pour les abonnés.*

ABONNEMENTS

FRANCE : Un an, 15 fr. Recouvré à domicile, 15 fr. 50. — UNION POSTALE, 18 fr.

PRIX DU NUMÉRO : **50 centimes**

On peut s'abonner sans frais dans tous les bureaux de poste

RÉDACTION ET ADMINISTRATION DE LA « REVUE DE VITICULTURE »

PARIS, 5ᵉ — 35, Boulevard Saint-Michel, 35 — PARIS, 5ᵉ

Téléphone N° 810,[illegible]

Paris. — Imprimerie Levé, rue Cassette, 17.

www.ingramcontent.com/pod-product-compliance
Ingram Content Group UK Ltd.
Pitfield, Milton Keynes, MK11 3LW, UK
UKHW021436090726
13657UKWH00003B/1114

9 782019 956844